普通高等教育食品类专业“十三五”规划教材
高等学校食品类国家特色专业建设教材

食品微生物学实验

SHIPIN WEISHENGWUXUE SHIYAN

雷晓凌 刘 颖 王 玲◎主编

郑州大学出版社

图书在版编目(CIP)数据

食品微生物学实验/雷晓凌,刘颖,王玲主编.—郑州:郑州大学出版社,2017.2(2023.2 重印)
普通高等教育食品类专业“十三五”规划教材
ISBN 978-7-5645-3932-0

Ⅰ.①食… Ⅱ.①雷…②刘…③王… Ⅲ.①食品微生物学-微生物学-实验-高等学校-教材 Ⅳ.①TS201.3-33

中国版本图书馆 CIP 数据核字（2017）第 029706 号

郑州大学出版社出版发行
郑州市大学路 40 号　　　　邮政编码:450052
出版人:孙保营　　　　发行部电话:0371-66966070
全国新华书店经销
新乡市豫北印务有限公司印制
开本:787 mm×1 092 mm　1/16
印张:7.25
字数:170 千字
版次:2017 年 2 月第 1 版　　　　印次:2023 年 2 月第 3 次印刷

书号:ISBN 978-7-5645-3932-0　　　　定价:16.00 元
本书如有印装质量问题,由本社负责调换

本书作者

主　　编　雷晓凌　刘　颖　王　玲

副 主 编　刘唤明　曾少葵　房志家
　　　　　叶日英　伍　彬

编　　委　（按姓氏笔画排序）
　　　　　王　玲　叶日英　伍　彬
　　　　　刘　颖　刘唤明　房志家
　　　　　曾少葵　雷晓凌

前言

本书主要是配合食品科学类专业开设的微生物学和食品微生物学课程而撰写的实验课程教材。由于微生物本身以及在食品科学类专业中的应用特点，决定了食品微生物学是一门实践性极强的课程，所以掌握食品微生物学实验最基本的操作技术以及与食品密切相关的综合实验技术对于学好这门课程极其重要。

本书所安排的实验内容主要从教学需要出发，在本校自编的《食品微生物学实验》基础上，参考国内外实验教材及结合教学实践精选编写而成。全书共22个实验，分为微生物学基础实验、食品微生物安全综合检测和微生物发酵食品设计性实验三个部分。通过从掌握微生物基础实验技术开始，到培养综合运用这些技术能力，最终进行自主设计性实验递进式教学方式，使学生系统掌握食品微生物学实验相关技能。每个实验内容均包括实验目的、实验原理、实验材料、实验步骤、实验报告和思考题，方便教学及学生更深层次地掌握实验内容。此外，还包含常用染液、培养基、指示剂和试剂的配制方法4个附录。

本书特点着重于紧密结合理论教学，兼顾贴近专业和日常生活，旨在引导学生对课程教学的兴趣。重视基础训练，兼顾实用性和灵活性，既有严谨的基础单元训练，又有食品微生物学安全的综合检测，还有学生自行设计的发酵食品实验，能较好训练学生的综合素质。

基础微生物学实验部分包含14个实验，内容包括微生物的形态观察、培养基的配制、生理生化、菌种鉴定和保藏等；食品微生物安全综合检验包含3个实验，内容包括饮用水、食品和罐藏食品的检验，并列有常用的食品微生物安全检验标准；微生物发酵食品设计性实验包含5个实验，以细菌、酵母菌和霉菌在食品中的不同应用为例，供学生选择并根据要求自行设计及进行实验，发挥学生的主观能动性。

本书主要由广东海洋大学“食品微生物学”省级精品资源共享课课程组教师精心编写而成，主要成员为雷晓凌、刘颖、王玲等。编写过程力求完善、实用，注重经典与现代结合，自认为是较为系统、连贯、实践性强的食品微生物学实验教材。由于我们水平有限，肯定还存在不足，敬请使用该书的读者给我们提出宝贵意见。

编　者

2016年12月

目录

食品微生物学实验室守则与安全要求

为确保食品微生物学实验的教学效果，以及保证实验操作者的安全，培养学生严肃认真的科学态度，充分认识实验安全要求，参与实验的老师和学生均应严格遵守实验室守则以及安全要求。

一、食品微生物学实验室守则

食品微生物学实验室守则规范了进入实验室的学生和实验过程的要求。具体如下：

1. 每次实验前对实验内容进行充分预习，以了解实验目的、原理和实验步骤。

2. 请勿在实验室进食、饮水，也不要带零食、水杯进入实验室，严禁在实验室食用实验样品。

3. 实验室内应保持整洁，勿高声谈话和随便走动，保持室内安静；实验操作台除了实验指导书或实验记录本之外，不能放置书包、衣服等物品，以免影响实验操作。

4. 实验操作时应穿实验服。上课时如有新鲜伤口或疾病应及时告知指导老师，以采取防护措施。

5. 实验时要细心谨慎，严格按操作规程进行，遇到实验样品喷洒污染等意外情况时，应立即报告指导教师和实验员，及时处理。

6. 及时认真做好实验记录，对于当时不能得到结果而需要连续观察的实验，则需在指定时间内观察，并记录每次观察的现象和结果，以便日后分析，及时将实验报告交老师批阅。

7. 实验需进行培养的材料，应标明自己的组别、名称及处理方法，放于教师指定的位置进行培养。实验室中的菌种和物品等，未经教师许可，不得携带出实验室。

8. 实验过程各实验组使用各自实验材料，用完放回原处，不要随意动用其他组同学的材料，以免混乱。

9. 实验结束后，必须将自己或所在实验小组的实验器材清洗干净并摆放整齐，将实验台面擦洗干净。每次实验安排值日生，负责实验结束后全面的整理和清洁工作。凡带菌的器材或物品需经浸泡消毒或高温灭菌后才能清洗，以免污染。

10. 离开实验室前要用肥皂或消毒液洗手，注意关闭灯、火、门、窗等。

二、食品微生物学实验的安全要求

食品微生物学实验可能受到实验涉及菌种的危害，以及有毒、易燃、腐蚀等化学危害，高压电、紫外线和其他辐射的危害。尽管实验中有关的微生物菌株多数是非致病性，但有些是致病菌，需要严格遵守实验安全要求，才能保证操作者的安全。

1. 人员防护及用具

（1）工作服或隔离服，在实验工作时，必须穿着工作服或隔离服，离开实验室前，必须脱下并留在实验室内，不得穿着工作服进入办公室或厕所，用过的工作服定期高压灭菌或其他方法消毒。

（2）手套，在进行可能直接或意外接触到样本的血液、体液以及其他具有潜在感染性微生物的操作时,应戴上橡胶手套,手套用完后进行消毒或丢弃,随后必须清洗消毒手才能离开工作区域。

(3)防护口罩、眼罩或防护面具,实验过程为了防止吸收挥发性真菌孢子以及防止眼睛、面部受到喷溅物、碰撞物或人工紫外线的伤害,必须根据需要戴防护口罩、眼罩或其他防护面具。

2. 实验操作安全规范

(1)严禁用口吸移液管,严禁将实验材料置于口内。制定安全使用锐利器具(如注射器针头、手术刀片等)的方案。

(2)仔细进行每一步操作,以减少飞溅物或气溶胶和微小液滴的产生。工作台面在每天工作结束前至少应消毒一次。

(3)对环境具有污染的液体或样品在排放前必须采用化学或物理方法清除污染,需要带出实验室的手写文件必须保证在实验室内没有受到污染。

3. 实验室安全管理守则

(1)微生物材料根据对人体有害或无害分类存放,并遵循国家和国际的相关规定。

(2)在使用有毒或易挥发化学试剂时,必须在排风良好的地方或通风橱中进行;在使用易爆品、浓酸和浓碱等化学试剂时,应戴护目镜和橡胶手套。危险试剂必须由专人保管和储存。

(3)对贵重的精密仪器,必须详细阅读仪器说明书,负责老师同意后方可使用。对高温高压设备,如烘箱、高压灭菌锅等须严格按照操作规程进行,以免发生安全事故。

第一篇　基础微生物学实验

基础微生物学实验设计紧密结合基础微生物学理论教学，跟微生物的形态结构、微生物的营养与生长、微生物的代谢、遗传变异、生态学和免疫学等知识密切相关，通过实验增强对相关知识的理解和应用。该篇着重基础实验技能的训练，主要包括显微镜的使用和细菌、放线菌、酵母菌、霉菌的形态观察；微生物的测微技术及血球计数板计数，培养基的制备和灭菌，微生物的分离与纯化，环境因素对微生物生长发育的影响，细菌鉴定中常用的生化反应试验，常规的抗原与抗体反应试验，微生物菌株的分子鉴定，微生物菌种的保藏等。学生经过基础训练可以较为全面地掌握微生物学基本实验技术。

实验一　普通光学显微镜的使用

一、实验目的

（1）了解普通光学显微镜各部分的构造、性能和基本原理。

（2）学会普通光学显微镜的正确使用方法，特别是油镜的使用方法。

（3）了解普通光学显微镜的维护和保养方法。

二、实验原理

显微镜是观察微生物的重要工具，实验室最常用的显微镜为普通光学显微镜。由于微生物个体微小，因此微生物的观察常常需要使用油镜观察。因此，这里重点学习普通光学显微镜的构造和原理，油镜的基本原理。

（一）普通光学显微镜的构造

光学显微镜是由一组光学放大系统和支持及调节它的机械系统组成，有的还附加光源部分，显微镜的构造示意见图 1-1。

1. 机械部分

由镜座、镜臂、物镜转换器、镜筒、镜台、移动器、调节器等构成。

（1）镜座：显微镜的底座，起支撑和稳固作用，镜座可呈马蹄形、圆形等形状，有较大的底面积和质量。

（2）镜臂：显微镜的脊梁，立于镜座上面，起支撑镜筒、镜台和光学部件的作用，有的可调节倾斜度，便于观察。

（3）物镜转换器：是一个能转动的圆盘，用于装配不同放大倍数的物镜，通过旋转物镜转换器，选择使用的物镜。

（4）镜筒：位于镜臂上端，是一个空心圆筒，上端放入目镜，下端接转换器和物镜，从镜筒的上端目镜至下端螺纹口的距离一般为 160 mm,镜筒有直筒式、单斜筒式和双斜筒式等。

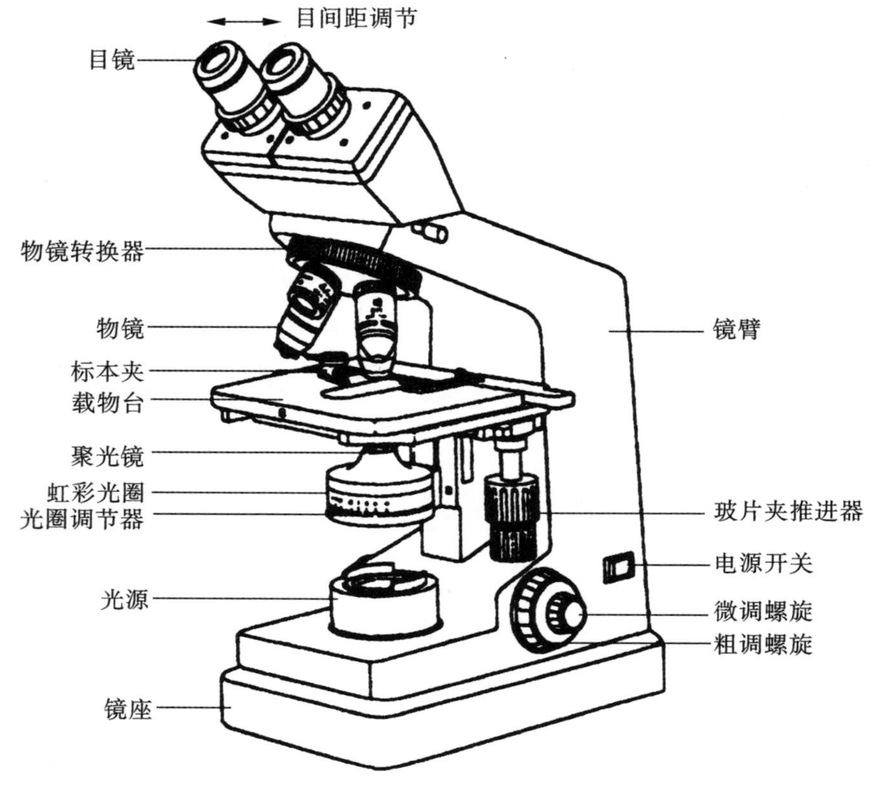

图 1-1 双筒普通光学显微镜的构造

(5)镜台:又称载物台,是放置标本的平台,有方形或圆形。镜台上有标本夹,用以固定标本,还有标本移动器,转动螺旋可使标本前后、左右移动,有的标本移动器带有标尺,可标定标本的位置,便于重复观察。

(6)调节器:有粗调螺旋和细调螺旋,能使镜筒或镜台升降,调节物镜与标本的距离,以便能最清晰地观察标本。现在显微镜的粗细调节常是共轴式。

2. 光学部分

由目镜、物镜、聚光器、虹彩光阑(光圈)、光源等构成。

(1)目镜:目镜插在镜筒的上端,基本上是一个放大镜,它可将物镜所形成的实像进一步放大,形成虚像,并映入眼部。不同的目镜上刻有 5×、10×、16×等字样以表示该目镜的放大倍数,使用时可根据需要选用适当的目镜。

(2)物镜:物镜是显微镜中最重要的光学部件,安装在物镜转换器上,起着放大标本片上被检物物像(实像)的作用,一般装有低倍镜、高倍镜和油镜三种。物镜的性能可以用数值孔径(numerical aperture, NA)来表示。一般物镜上标有放大倍数、数值孔径、镜筒长度及要求的盖载玻片厚度等参数(见图 1-2)。在低倍镜、高倍镜和油镜三种物镜中,随着放大倍数的增大,数值孔径也增大,工作距离缩短,油镜最接近标本片。

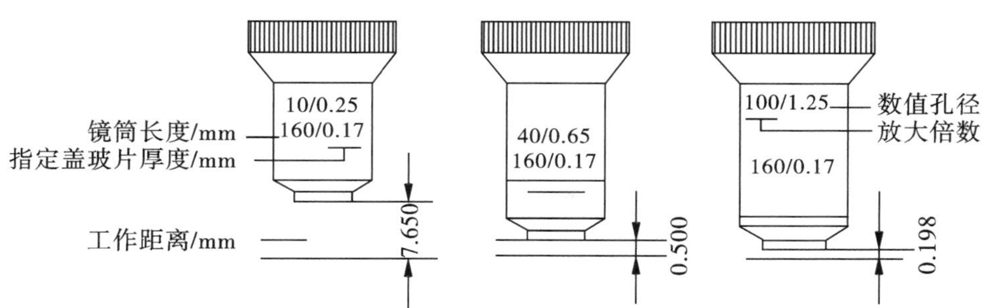

图 1-2　物镜的标注及工作距离

物镜可分为干燥系和油浸系两种物镜，干燥系物镜与标本之间的介质是空气，如低倍镜和高倍镜；而油浸系物镜与标本间的介质是香柏油，为油镜。观察时根据需要转动物镜转换器，选择合适的物镜。油镜刻有“Oil”或“HI”字样，也有刻一圈红线或黑线为标记，用于区别其他物镜。

(3)聚光器：聚光器装在镜台下，可以升降，其作用是将光线聚焦于标本之上，增强照明度；聚光器内有虹彩光阑（俗称光圈），通过调整光阑孔径的大小，调节光线强弱。

(4)光源：现在的显微镜多数是自带光源，光源安装在镜座内，通过按钮开关或拉杆来获得适当的照明度。如果没有自带光源，则使用反光镜采集自然光或灯光作为照明光源。反光镜一面是平面镜，一面是凹面镜，一般情况下低倍镜和高倍镜使用平面镜，油镜使用凹面镜。

（二）普通光学显微镜的基本原理

普通光学显微镜利用目镜和物镜两组透镜系统进行放大成像，因此也称为复式显微镜。在光学系统中物镜的性能最为重要，因为它直接影响着显微镜的分辨率。

1. 显微镜的放大倍数

被观察物体经显微镜的物镜和目镜放大后的总放大倍数是两者的乘积，即

$$\text{被观察物体的放大倍数} = \text{目镜放大倍数} \times \text{物镜放大倍数} = E \times O$$

式中，E 为目镜放大倍数，O 为物镜放大倍数。

如用 40×物镜和 16×目镜观察，即总放大倍数为 640×。不过目镜的有效放大倍数是有限的，过大的目镜放大倍数并不能提高显微镜的分辨率，显微镜的有效放大倍数为

$$E \times O = 1000 \times NA$$

目镜的有效放大倍数为

$$E = \frac{1000 \times NA}{O}$$

当用油镜观察时，如放大倍数为 100×，NA 为 1.25，经计算目镜的有效放大倍数为 12.5，即使目镜的放大倍数为 16×，但实际上不能达到相应的分辨效果。

2. 显微镜的分辨率及油镜工作原理

油镜与普通物镜不同，为油浸系，载片和物镜之间的介质是一层油质，一般常用香柏油或液状石腊，其折射率分别为 1.515 或 1.52，与玻璃的折射率 1.52 相近，光线通过载玻片后，可直接通过香柏油进入物镜而不发生折射；如果载玻片与物镜之间的介质是空

气(干燥系),空气折射率为1,因此光线通过载片后折射而发生散射现象,进入物镜的光线减少,就降低了视野的照明度。

显微镜的放大效能是由其数值口径(*NA*)决定的。所谓数值口径就是光线投射到物镜上的最大入射角一半的正弦,乘以载玻片与物镜间介质的折射率。

$$NA = n \times \sin\theta$$

n 为介质的折射率,θ 为最大入射角的半数,介质为空气时,$n=1$,θ 最大到 90°,$\sin 90° = 1$,但实际上不可能达到 90°,所以干燥系物镜数值口径小于 1。油镜不仅能增加照明度,更主要的是增加数值口径。一般来说,干燥系物镜的 $NA = 0.05 \sim 0.95$,油镜的 $NA = 0.85 \sim 1.40$。介质的折射率对光线通路的影响,如图 1-3 所示。

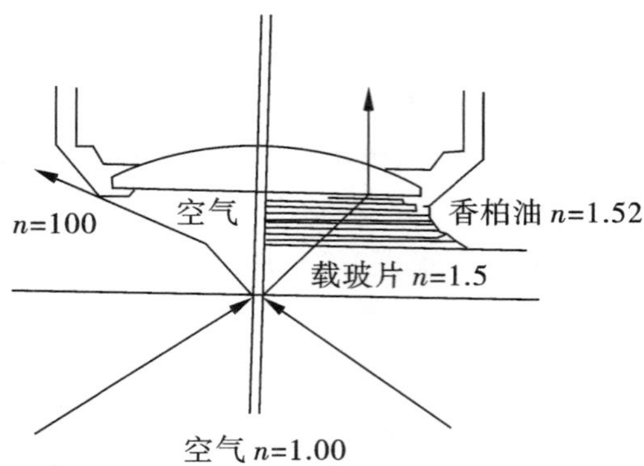

图 1-3　介质的折射率对光线通路的影响

左侧为干燥系物镜;右侧为油浸系物镜

评价一台显微镜的质量优劣,不仅要看其总放大倍数,更重要的是看其分辨率(又称解像力,resolution)。分辨率是指显微镜能够辨别两点或两根细线之间最小距离的能力。它与物镜的数值口径成反比,与光线的波长成正比。公式如下:

$$R = \frac{\lambda}{2NA} = \frac{\lambda}{2n\sin\theta}$$

式中,R 为分辨率,λ 为光线波长。可见光波长范围是 400 ~ 750 nm,平均是 550 nm,这是对人眼睛最亮的红绿光。假如用 $NA = 1.25$ 的油镜,则分辨率 $\delta = 0.55/2 \times 1.25 = 0.22$ μm。

三、实验材料

(1)显微镜、香柏油或液状石腊、二甲苯、擦镜纸等。

(2)金黄色葡萄球菌(*Staphylococcus aureus*)和苏云金芽孢杆菌(*Bacillus thuringiensis*)染色标本。

四、实验步骤

显微镜的操作步骤:显微镜移动和安置→照明调节→低倍镜观察→确定目标→高倍镜观察或油镜观察→显微镜的维护。

(一)显微镜使用前的准备

1. 显微镜移动和安置

显微镜移动时应一手握住镜臂,另一手托住底座,使显微镜保持直立平稳,切忌单手拎提,如图 1-4 所示。

显微镜安置于平稳的实验台上,镜座距实验台边沿为 3 ~ 10 cm。镜检者姿势要端正,观察时双眼同时睁开,以减少眼睛疲劳,同时便于边观察边画图记录等。

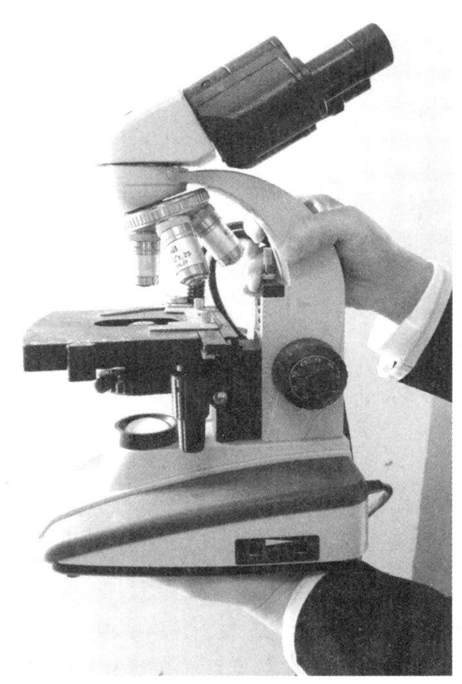

图 1-4　显微镜的移动

2. 照明调节

自带光源显微镜的照明调节。

(1)先将聚光器升高,至距离载物台底面约为 1 mm。

(2)打开自带光源开关,将光源强度调节至中等或稍偏大。

(3)旋转物镜转换器,将低倍镜转到镜筒下方,旋转粗调节器,使物镜与镜台的距离约为 1 cm。

(4)在镜筒上观察,并调节聚光器上的孔径光阑控制最佳照明效果。

无自带光源显微镜的照明调节,也是先将聚光器升高,然后通过反光镜调节照明,凹面镜反光强度较大。

(二)显微镜的观察

1. 低倍镜(10×)观察

镜检任何标本一般都先用低倍镜观察。因为低倍镜视野较大,易于发现目标和确定检查的位置。

(1)取标本置于载物台前边沿,一手打开标本固定装器,另一手将标本推入至直角固定处,放开手使固定装置将标本卡住;移动推动器,使被观察的标本处在物镜正下方。

(2)转动粗调节旋钮,使镜台上升(或镜筒下降)至距低倍镜 3 ~5 mm 处。

(3)用左眼或双眼在目镜上观察,同时用粗调节旋钮慢慢下降载物台(或上升镜筒),直至视野内出现物像为止,再用微调调节旋钮使物像清晰。如所观察的物体不够理想,可旋转标本移动器改变观察的视野。

(注意:可单手也可双手调节,但两手一定要同步,否则会损坏调节器螺旋)。

2. 高倍镜(40×)观察

当在低倍镜下被观察标本仍看不清时或难区分时,需用高倍镜做进一步放大。

(1)先在低倍镜下将拟做进一步放大的部位,移至视野中央。

(2)转动物镜转换器将高倍镜移至镜筒下(不是原配物镜时,需先下降镜台后再转动转换器,将高倍镜移至镜筒下,再上升镜台,从侧面看物镜距标本约 0.5 mm 时停止上升)。

(3)用微调调节焦距,并调节光圈,直至视野中物像清晰为止。

3. 油镜(100×)的观察

在高倍镜下观察不够清楚时,可用油镜进一步放大,细菌观察一般要用油镜。

(1)在高倍镜下将拟做进一步放大的部位,移至视野中央。

(2)用粗调将镜台下降至约 2 cm,将油镜移至正下方,在标本的镜检部位滴上 1 滴香柏油。

(3)从侧面注视,用粗调将镜台小心上升(或镜筒下降),使油镜镜头前端浸入香柏油中,镜头几乎与标本相接触(约 0.2 mm)。操作时要从侧面仔细观察,只能让镜头浸入镜油中紧贴着标本而避免让镜头撞击载玻片,导致载玻片和镜头受损。

(4)从目镜内观察,把孔径光阑开到最大,使其明亮。然后用微调将镜台下降,直至视野内物像清晰。如油镜已离开油面仍未见物像,需重复操作。

(5)观察完毕,下降载物台 2 cm,将油镜转出,先用擦镜纸擦去镜头上的香柏油,然后用擦镜纸蘸少许二甲苯擦拭镜头,最后用擦镜纸将镜头擦干(只能向一个方向擦拭)。

(注意:①下降镜头时,要从侧面注视,在通过目镜观察时,切勿使用粗调上升镜台来调节焦距,以免压碎载玻片而损坏镜头。②使用二甲苯擦镜头时,注意二甲苯不能太多,以防溶解固定透镜的树脂)

(三)普通光学显微镜用后处理及维护

为了避免显微镜的损坏以及保证仪器的良好性能,需要注意显微镜的清洁维护。

(1)观察完毕后,关闭电源,取下标本。

(2)擦油镜镜头:先用擦镜纸将油镜上的香柏油擦去,然后另用擦镜纸蘸取二甲苯等擦洗油镜镜头,方法是用食指将蘸满二甲苯的擦镜纸按着镜头往同一个方向擦拭,重复动作数次直至将香柏油擦拭干净,然后再用干净的擦镜纸将油镜擦拭一次。

(3)擦高倍镜镜头:用擦镜纸往同一个方向擦拭,换擦镜纸重复 2 次。

(4)将载物台的污迹擦拭干净。

(5)将显微镜镜头转成“八”字形,下降至距镜台最低处,电线妥善收好,套上镜置,放入显微镜柜中。

(6)填写显微镜使用记录本,经指导老师检查无误后即可离开。

强烈的阳光、热、酸、碱、潮湿等对显微镜都有损害,由此使用和存放显微镜时,应避免放置在有热源、强烈的阳光及酸碱的地方,并保持干燥。

六、实验报告

1. 按照显微镜的操作步骤,学习每个操作。

2. 用铅笔绘出高倍镜或油镜下观察到的细菌形态,并注明观察的倍数,格式如图 1-5 所示。

图 1-5 菌种名称+放大倍数(目镜倍数×物镜倍数)

七、思考题

(1)如何区别高倍镜和油镜?

(2)为什么在使用高倍镜及油镜时应特别注意避免粗调节器的错误操作?

(3)用油镜观察时应注意哪些问题?在载玻片和镜头之间加滴什么油?起什么作用?

(4)在调节焦距时,往往出现一些疑似观察标体的物像点,物像点可能是目镜或物镜上的杂质,也可能是标本片上的观察对象,如何通过操作判断这些物像点是否在标本片上?

实验二　细菌的形态观察

一、实验目的与要求

(1)了解简单染色法和革兰氏染色法观察细菌个体形态的原理,掌握其操作步骤。

(2)学习微生物的无菌操作。

(3)学会观察细菌的菌落特征。

二、实验原理

形态观察主要包括个体形态和群体形态(菌落形态)两方面。

(一)个体形态观察

细菌种类多,个体形态有球状、杆状及螺旋状,但它们有共同的特点,即体型微小且透明,一般须借助染色法使菌体着色,与背景形成鲜明的对比,以便在显微镜下进行观察。观察细菌个体形态一般应在其生长活跃期,这时菌体呈现出特定的形态,正常而整齐。根据实验目的的不同,可采用简单染色法、革兰氏染色法和特殊染色法等使菌体着色,本实验学习简单染色法、革兰氏染色法观察细菌的个体形态。

1. 简单染色法原理

简单染色法是利用单一染料对细菌进行染色的一种方法,一般用于观察个体形态与排列方式。由于细菌在中性、弱碱性环境中带负电荷,所以通常采用一种碱性染料如美蓝、碱性复红、结晶紫对其进行染色。

2. 革兰氏染色法原理

革兰氏染色法(Gran stain)是细菌学中广泛使用的一种重要鉴别染色法。通过该法把细菌鉴定为革兰氏阳性菌(Gran positive bacteria, G^+)和革兰氏阴性菌(Gran negative bacteria, G^-)两大类。革兰氏染色法所用4种溶液及作用如下:

(1)碱性染料:草酸铵结晶紫液。

(2)媒染剂:碘液,其作用是增强染料与细菌的亲和力,加强染料和细胞的结合。

(3)脱色剂:乙醇,有助于染料从被染色的细胞中脱色,利用细菌对染料脱色的难易程度不同而加以区分。革兰氏阳性细菌不易被脱色剂脱色,而革兰氏阴性细菌则易被脱色剂脱色。常用脱色剂是丙酮或乙醇。

(4)复染剂:蕃红溶液(也称沙黄溶液),目的是使经脱色的细菌重新染上另一种颜色,以便与未脱色细菌进行比较。

细菌细胞经结晶紫初染和碘液媒染后,在细胞膜或细胞质形成结晶紫-碘复合物,该物质能被脱色的细菌为革兰氏阴性菌(G^-),相反未脱色的为革兰氏阳性菌(G^+)。这是因为革兰氏阴性菌与革兰氏阳性菌的细胞壁化学组成和结构的差异。G^+细胞壁厚,肽聚糖含量高,交联度大,当乙醇脱色时,肽聚糖因脱水而孔径缩小,故结晶紫-碘复合物被阻留在细胞内,细胞不能被酒精脱色,仍呈紫色。G^-细胞壁肽聚糖层薄,含量低,交联松散,并含有脂类物,乙醇脱色不仅未能使其结构收缩,反而因乙醇将脂质溶解,通透性增加,结晶紫-碘复合物被溶出细胞壁,使细胞脱色,番红(或沙黄)复染后呈红色。

(二)菌落形态观察

将细菌接种到固体培养基后,在适宜的培养条件下培养一定时间,形成肉眼可见的子细胞群体即菌落(colony)。多数细菌的菌落一般呈现湿润、光滑、较透明、较黏稠、易挑取、质地均匀及颜色较一致等共同特征。其原因是细菌属单细胞生物,一个菌落内的细胞并没有形态、功能上的分化。不同细菌细胞在个体形态结构上和生理类型上的各种差别,必然会反映在其菌落形态和构造上。细菌在个体形态与群体形态之间存在的明显相关性,对许多微生物学实验和研究工作有重要参考价值。细菌的菌落特征和个体形态特征是分类鉴定的重要依据之一。

三、实验材料

1. 菌种

大肠杆菌(*Escherichia coli*)、枯草芽孢杆菌(*Bacillus subtilis*)、金黄色葡萄球菌(*Staphylococcus aureus*)、苏云金杆菌(*Bacillus thuringiensis*)。观察个体形态的菌种需经接种到营养琼脂斜面在 36±1 ℃培养 18 ~24 h,观察菌落特征的菌种接种到营养琼脂平板上培养 48 h。

2. 染色剂

(1)简单染色法:吕氏碱性美蓝染液、草酸铵结晶紫染液、石炭酸复红染液。

(2)革兰氏染色法:草酸铵结晶紫染液、革兰氏碘液、乙醇(体积分数为 95%)、番红或沙黄染液。

(3)实验用品:显微镜、接种环、生理盐水或蒸馏水、载玻片、酒精灯、擦镜纸、香柏油、二甲苯等。

四、实验步骤

(一)简单染色法

1. 操作流程

涂片→干燥→固定→染色→水洗→干燥→镜检

2. 具体操作

(1)涂片:先在洁净的载玻片的中央位置滴一小滴蒸馏水,然后用接种环在酒精灯火焰旁从斜面上挑取少量菌体,与水滴混合均匀,涂成直径约为 1 mm 均匀的薄层,烧去多余的菌体(见图 2-1)。

注意:制片是染色的关键,载玻片要洁净,不得玷污油脂,菌体才能涂布均匀;初次涂片取菌量不宜过大,以免菌体重叠太多。

(2)干燥、固定:在空气中自然晾干,或将涂面朝上,在酒精灯微小火焰上干燥;在酒精灯火焰上通过 3 ~4 次,温度不宜过高,以载玻片不烫手为宜,否则会因温度太高使细胞收缩变形。固定作用是杀死菌体,使菌体蛋白质凝固黏附于载玻片上,增加菌体对染色的结合力,易于着色。

(3)染色:在涂菌部位滴加草酸铵结晶紫染液或石炭酸复红染液 1 ~2 滴,使其布满涂菌部位,染色 1 min。

(4)水洗:斜置载玻片,用细水流冲去染色液,直到流出水无色为止,但勿使水直接冲洗涂片处,以免将菌体冲掉。

(5)干燥:自然干燥,或用吸水纸吸干,也可以用电吹风吹干。

(6)镜检:先用光学显微镜的低倍镜找到待观察的目标视野,然后再用高倍镜及油镜进行观察,注意各种细菌的形状和排列方式。

图 2-1 染色标本制作过程

(1)取接种环;(2)灼烧接种环;(3)摇匀菌液;(4)灼烧管口;(5a)从菌液中取菌[或(5b)从斜面菌种中取菌];(6)取菌毕,再灼烧管口,加上塞;(7a)将菌液直接涂片[或(7b)从斜面菌种中取菌与载玻片上水滴混匀涂片];(8)烧去接种环上的残菌;(9)固定;(10)染色;(11)水洗;(12)吸干

(二)革兰氏染色法

1. 操作流程

涂片→干燥、固定→染色(初染→媒染→脱色→复染)→干燥→镜检

2. 操作步骤

(1)涂片:与简单染色法相同,要求薄而均匀,选用菌种为大肠杆菌、金黄色葡萄球菌或枯草芽孢杆菌。

(2)干燥、固定:与简单染色法相同。

(3)染色

①初染:在载玻片涂菌的部位滴加草酸铵结晶紫染液,染色 1 min,水洗。

②媒染:滴加革兰氏碘液冲去残水,并用碘液覆盖染色部位 1 min,水洗。

③脱色:在涂有细菌的部位连续滴加 95%(体积分数)乙醇,约 30 s,直到滴下的乙醇无颜色为止,水洗。

④复染:滴加番红(沙黄)染液染色 1min,水洗。

(4)干燥:自然干燥,或用吸水纸吸干,也可以用电吹风吹干。

(5)镜检:与简单染色法相同,观察时要仔细辨别染色反应的结果,判断细菌是革兰氏阳性菌(G^+)还是革兰氏阴性菌(G^-)。

注意:涂片要薄而均匀,脱色程度要控制得当。

(三)细菌菌落特征观察

观察大肠杆菌、枯草芽孢杆菌、金黄色葡萄球菌和八叠球菌等细菌的菌落平板,注意从菌落的形状、大小、边缘、正面及反面颜色、表面形态及透明度等方面特征进行识别(见图 2-2),注意区分不同菌种特征。

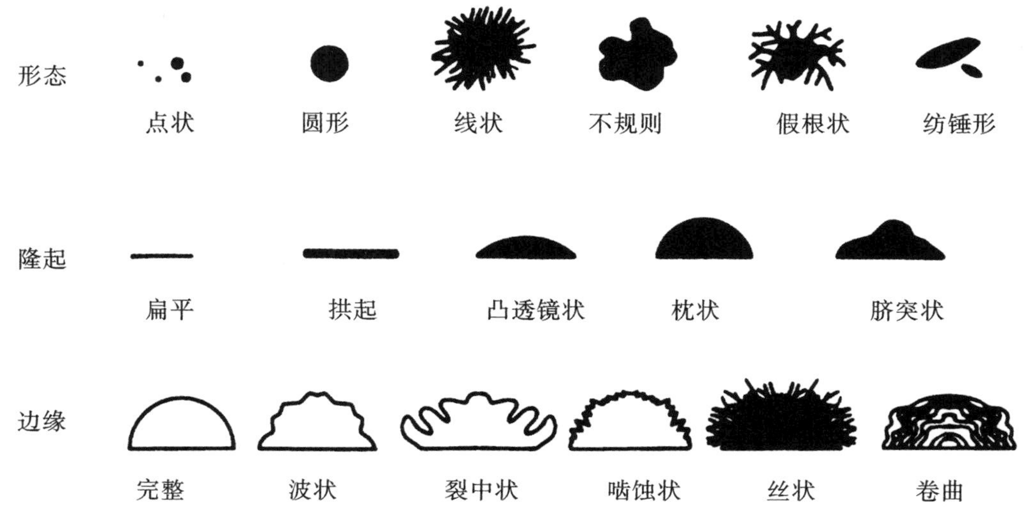

图 2-2　细菌菌落特征图

五、实验报告

(1)用铅笔在下面方框中绘出简单染色法观察到的细菌个体形态,并附上拍照图片,格式和图名如图 2-3 所示。

图 2-3 菌种名称+放大倍数(目镜倍数×物镜倍数)

(2)记录其染色结果,并辨别其为革兰氏阳性菌(G^+)还是革兰氏阴性菌(G^-)。若观察到的结果与实际不相符,分析其原因。

(3)将所观察细菌的菌落特征填入表 2-1。

表 2-1 细菌菌落特征

菌种名称	大小	形状	色泽	边缘	表面结构	透明度	备注

六、思考题

(1)如果涂片未经热固定或固定温度过高、时间过长,会出现什么现象?

(2)为什么要用培养 18~24 h 的细菌菌体进行革兰氏染色?

(3)如何操作才能保证革兰氏染色结果正确,其中的关键环节是什么?

实验三 细菌特殊结构的观察

一、实验目的与要求

(1)了解细菌特殊结构芽孢、鞭毛及荚膜染色的基本原理。

(2)掌握细菌特殊结构的染色方法,以及用悬滴法观察细菌的形态和运动性。

二、实验原理

细菌的特殊结构是指仅某些细菌细胞才具有的或仅在特殊条件下才能形成的结构,包括芽孢、糖被(荚膜和黏液层)、鞭毛和菌毛等。这个实验学习芽孢、荚膜、鞭毛的特殊结构的染色法,以及学习悬滴法观察细菌的运动。

1. 芽孢染色原理

芽孢是某些细菌的特殊结构,芽孢壁与其营养细胞相比,壁厚、致密,因而染色时更难着色和脱色。实验过程中可通过微火加热或延长染色时间的方法,使用碱性染料使菌体和芽孢同时着色后,用水或稀酸洗去菌体的染料而芽孢则保留颜色。然后,再用另一种与芽孢颜色对比明显的染料使菌体着色,以便区分芽孢和营养细菌的结构。

2. 荚膜染色原理

荚膜是某些细菌的特殊结构,与染料亲和力弱,不易着色,通常采用衬托染色法(负染色法)染色,使菌体和背景着色,而荚膜不着色,从而在菌体周围形成一透明圈,以便观察荚膜形态与结构。

3. 鞭毛染色原理

细菌的特殊结构鞭毛极其细小,超过了光学显微镜的分辨力,只有用电子显微镜才能观察到。但是,如采用特殊的染色法,利用媒染剂处理,让它沉积在鞭毛上,使鞭毛直径加粗,再进行染色,则可在普通光学显微镜下观察到。

4. 细菌鞭毛的悬滴法观察

细菌鞭毛的生理功能是运动,鞭毛的运动引起菌体的运动,因此可以通过观察菌体的运动判断菌体是否具有鞭毛。悬滴法可以观察菌体的运动,注意区分布朗运动和细菌本身的运动。

三、实验材料

(1)菌种:枯草芽孢杆菌(*Bacillus subtilis*)在 28 ℃培养 15 ~20 h、胶质芽孢杆菌(钾细菌,*bacillus mucilaginosus*)、普通变形杆菌(*Proteus vulgaris*),连续传代 3 代的斜面培养物。

(2)染色液:质量分数为 0.01% 美蓝溶液、质量分数为 7.6% 孔雀绿溶液、质量分数为 0.5% 沙黄液或质量分数为 0.05% 石炭酸复红染液,媒染剂由丹宁酸和氯化高铁或钾明矾等配制而成,绘图墨水,Tyler 氏醋酸结晶紫染液,鞭毛染色液(A 液:质量分数为 1.5% NaCl;B 液:质量分数为 3% 丹宁酸;C 液:碱性复红染液)、刚果红水溶液、明胶水溶液。

(3)用具与试剂:显微镜、擦镜纸、吸水纸、接种环、酒精灯、载玻片、试管、镊子、香柏油、二甲苯、无菌水、凹载玻片、盖载玻片、凡士林。

四、实验内容与步骤

1. 芽孢染色

芽孢染色常用的方法有孔雀绿染色法和石炭酸复红染色法。

(1)孔雀绿染色法。

操作流程:无菌法取枯草芽孢杆菌体→涂片→干燥、固定→质量分数为7.6%孔雀绿溶液染色10 min→水洗→质量分数为0.05%石炭酸复红液染色1 min→水洗→晾干→镜检。

染色结果:芽孢呈绿色,营养细胞呈红色。

(2)石炭酸复红染色法。

操作流程:在试管制备高浓度枯草芽孢杆菌悬液→滴加等量石炭酸复红染液→混合均匀→沸水浴10~15 min→取2~3环菌悬液在载玻片上涂片→干燥、固定→水洗→质量分数为0.01%美蓝溶液复染2 min→水洗→晾干→镜检。

染色结果:芽孢呈红色,营养细胞呈蓝色。

2. 荚膜染色

(1)湿墨水法。

①制菌液:先加1滴墨水于洁净的载玻片中央,再挑少量菌体与其充分混匀。

②加盖载玻片:将盖载玻片置于混合液上,然后在盖载玻片上放一张滤纸,向下轻压,吸收多余的菌液。

③镜检:用低倍镜或高倍镜观察。结果:背景灰色,菌体较暗,在其周围呈现一透明圈即荚膜。

(2)Tyler法。

①涂片,晾干。

②用Tyler氏醋酸结晶紫溶液染色2 min,再用质量分数为20%硫酸铜溶液洗涤,水洗,用滤纸吸干、干燥。

③镜检:荚膜染成浅红色,细胞呈紫红色。

3. 鞭毛染色法

(1)载片的制备:经过严格清洗后,置于95%(体积分数)乙醇中浸泡,用时才取出,用火焰烧去酒精,立即使用。

(2)菌种的制备:取已活化3~5代的普通变形杆菌(或枯草杆菌)接种于新制备的营养琼脂斜面,斜面下部最好有冷凝水,培养12~16 h即可使用,以保证菌体的运动性。

(3)制片:在载玻片的一端滴1滴蒸馏水,挑取少许菌苔底部有水分的菌体,将接种环悬放在水滴中片刻,再将载玻片稍倾斜,使菌液随水滴缓慢流到另一端,放平,晾干。

(4)染色:滴加鞭毛染色液A,3~5 min,小心水洗干净;然后滴加鞭毛染色液B,30~60 s,水洗,晾干。

(5)镜检:菌体、鞭毛均为褐色。

4. 悬滴法观察细菌运动

（1）在凹载玻片凹槽周边涂少许凡士林，如图 3-1 所示。

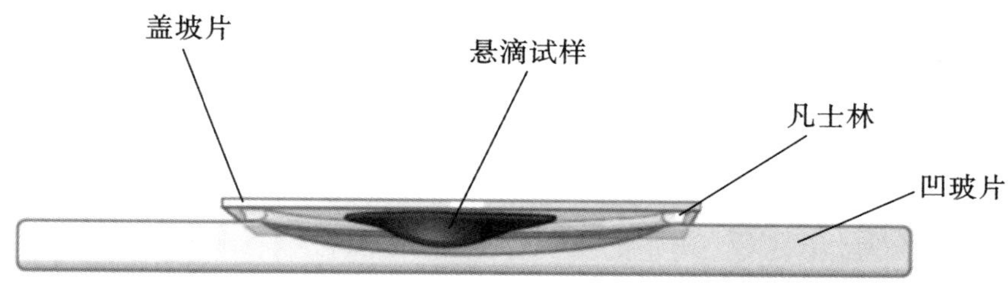

图 3-1　悬滴法制片示意图

（2）在盖载玻片上滴小半滴无菌水，以无菌操作挑菌，接种环在水上轻点几下。

（3）将盖载玻片迅速翻转置于凹载玻片上，使菌悬液悬滴在盖玻下。

（4）先用低倍镜找到菌悬液滴，确定视野，再换高倍镜或油镜观察。该作片方法没有染色，光线适当调暗些更易于观察。

五、实验报告

（1）绘出枯草芽孢杆菌的菌体、芽孢形态。

（2）绘出胶质芽孢杆菌（钾细菌）的菌体及荚膜形态。

（3）绘出变形杆菌的鞭毛着生部位及数目。

六、思考题

（1）为何要用连续传代多次的菌体进行鞭毛染色？

（2）细菌荚膜的成分是什么？为何常用负染色法染色？

（3）观察芽孢结构为何要加热或延长染色时间？

实验四　放线菌的形态观察

一、实验目的

(1)学会观察放线菌的菌落特征。

(2)学习和掌握观察放线菌菌丝及孢子丝形态。

二、实验原理

放线菌是原核微生物,由菌丝发达的菌丝体组成,菌落表面干燥、不透明、表面呈致密的丝绒状,与细菌有明显区别。菌丝已出现功能分化,分为营养菌丝(基内菌丝)、气生菌丝和孢子丝。营养菌丝生长在培养基表面或插入培养里面,不易被接种针挑取制片;气生菌丝向空气中生长,经发育成为孢子丝,孢子丝形态丰富,呈螺旋状或分枝状等,其着生形式有丛生、互生和轮生等;菌丝有各种颜色,有的能分泌水溶性色素到培养基内。孢子的表面光滑或粗糙、圆或椭圆,颜色各异。这些均为鉴定放线菌的重要依据。采用插片法培养可观察放线菌营养菌丝、气生菌丝和孢子丝的形态,用印片法观察孢子丝和孢子的形态。

三、实验材料

(1)菌种:白色链霉菌,红色链霉菌。

(2)试剂和用具:高氏1号培养基、质量分数为0.1%美蓝染液,载玻片,盖载玻片,镊子,接种环,显微镜,酒精灯等。

四、实验步骤

1. 菌落形态特征的观察

以无菌操作分别取白色链霉菌、红色链霉菌制成菌悬液,在平板培养基上用点种法接种,25~28 ℃培养5~7 d。观察放线菌菌落的表面形状、大小、颜色和边缘等;注意孢子颜色,营养菌丝颜色和色素分泌情况等。

2. 个体形态特征观察(插片法)

(1)放线菌插片培养:制备高氏培养基平板⟶划线法接种放线菌⟶插片(在划线处以45°角斜插入灭菌盖载玻片)⟶28 ℃下培养4~6 d,如图4-1所示。

(2)制片观察:在载玻片中央滴1滴质量分数为0.1%美蓝染液,用镊子取出插片培养的盖载玻片,将带有菌丝的面向下,轻轻盖在染液上,在显微镜下观察。注意区分营养菌丝、气生菌丝和孢子丝等。

3. 孢子丝和孢子的观察(印片法)

在载片上加一小滴质量分数为0.1%美蓝染液,取白色链霉菌或红色链霉菌划线培养的平板,用镊子取一盖载玻片,轻轻放在菌苔表面按压一下,然后将盖片带有孢子的面向下,盖在染液上,用吸水纸吸去多余的染液,在高倍镜或油镜下观察孢子丝和孢子的形态,有些制片也能观察到气生菌丝体。

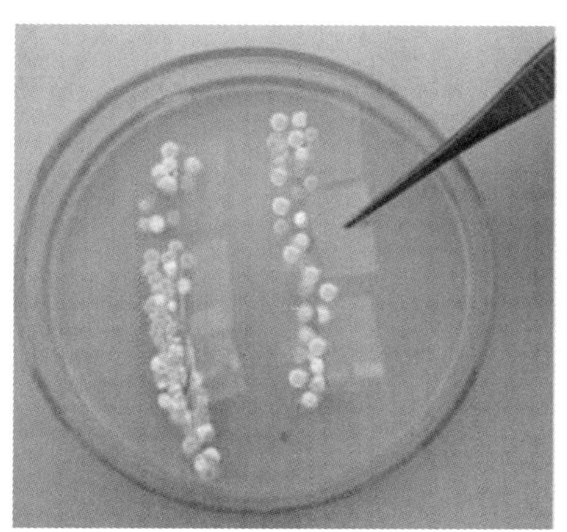

图 4-1　放线菌插片法培养

五、实验报告

(1)绘出白色链霉菌的气生菌丝、孢子丝和孢子的形态图。
(2)拍摄含有气生菌丝、孢子丝和孢子的白色链霉菌形态。
(3)将放线菌菌落特征填入表 4-1。

表 4-1　放线菌菌落特征

菌种名称	形状	色泽		气味	色素
		正面	背面		

六、思考题

(1)为何常用插片法培养放线菌观察个体形态?
(2)在显微镜下,如何区分基内菌丝和气生菌丝?
(3)放线菌与细菌的菌落最显著的差异是什么?

实验五　酵母菌的形态观察

一、实验目的

(1)学习观察酵母菌的菌落、菌苔特征。

(2)学会观察酵母菌个体形态、大小及出芽生殖方式,观察裂殖酵母和假丝酵母形态。

二、实验原理

酵母菌(*Yeast*)是一类单细胞真核微生物,呈圆形或椭圆形,不能运动,其大小通常在数微米至几十微米左右,约为细菌的 10 倍。多数酵母菌在平板培养基上形成的菌落较大且厚,幼龄菌表面湿润、光滑,老龄菌表面干燥,颜色较单调。常见酵母菌有啤酒酵母、裂殖酵母、假丝酵母等,不同酵母菌有着不同的菌落、菌苔特征。

酵母菌细胞一般呈卵形、圆形、圆柱形或柠檬形,每种酵母菌细胞有其一定的形态大小,观察时应注意其细胞形状。酵母繁殖方式比较复杂,无性繁殖主要是芽殖,有些酵母菌可进行裂殖,有些能形成假菌丝。酵母菌的个体形态一般可采用水浸片法制片进行活体观察,即将酵母菌细胞置于 1 滴生理盐水或染液中,在液滴上盖上盖载玻片即可观察。该法也称为压滴法。酵母菌也常用美蓝、稀碘液等低毒性染料染色,由于活细胞的新陈代谢作用,细胞内具有较强的还原能力,能使美蓝由蓝色的氧化型变为无色的还原型,因此,具有还原能力的酵母活细胞是无色的、而死细胞或代谢作用微弱的衰老细胞则呈蓝色或淡蓝色,借此即可对酵母菌的死细胞和活细胞进行鉴别。

三、实验材料

(1)菌种:啤酒酵母(*Saccharomyces cerevisiae*)、面包酵母、裂殖酵母(*Schizosaccharomyces pombe*)、热带假丝酵母(*Candida tropicalis*)

(2)试剂与耗材:美蓝染色液、无菌水、乙醇、接种环、载玻片、盖载玻片、显微镜。

四、实验内容与步骤

1. 菌落特征和菌苔特征的观察

取啤酒酵母、面包酵母、热带假丝酵母,接种于平板培养基表面,28 ~ 30 ℃培养 3 d,然后观察菌落表面干燥或湿润、隆起形状、边缘整齐度、大小、颜色、气味等,并用接种环挑菌,注意与培养基结合是否紧密。取斜面固体培养基培养的啤酒酵母、面包酵母、热带假丝酵母,观察其菌苔特征。

2. 酵母个体形态与出芽繁殖观察

水浸片法制片。在载玻片上滴入少量质量分数为 0.1% 美蓝染色液,挑取少许啤酒酵母与染色液轻轻混匀,倾斜盖上盖载玻片,避免产生气泡,用滤纸片吸干(或风干)多余的水分,即可观察酵母菌的形态和出芽方式,根据酵母菌是否染上蓝色可以区别细胞的死活。

3. 裂殖酵母的观察

用水浸片法制片，方法同上点。观察个体形态，注意比较细胞形态和繁殖方式与啤酒酵母的不同。

4. 热带假丝酵母的观察

(1)水浸片法制片，方法同上两点。

(2)插片法培养后再水浸片制片。

用划线法将热带假丝酵母接种在 PDA 培养基上，在划线区域插盖载玻片，在 30 ℃培养 2 ~ 3 d 后，取下盖载玻片，盖在加有 1 滴质量分数为 0.1% 美蓝的载玻片上（即水浸片法）。

(3)镜检：先用低倍显微镜观察，找到含有假菌丝的区域，再用高倍镜进行观察。

五、实验报告

(1)描述三种不同酵母菌落特征（参考表 2-1），并比较其差异。

(2)拍摄或描绘啤酒酵母的个体形态图，并统计 3 个视野下死活细胞比例及出芽率。

(3)绘出裂殖酵母的形状和假丝酵母的假菌丝形状。

六、思考题

(1)酵母细胞和细菌细胞在大小、细胞结构上各有何区别？在同一平板培养基上长有细菌及酵母两种菌落，你如何区别？

(2)利用显微镜观察假丝酵母的假菌丝，思考假菌丝和菌丝的差异？是否有横隔？

实验六 霉菌的形态观察

一、实验目的

(1)学习霉菌菌落特征的观察。
(2)学习和掌握霉菌的制作方法。
(3)学会观察霉菌菌丝形态与无性繁殖方式等形态特征。

二、实验原理

霉菌为丝状真菌,由许多交织在一起的菌丝体构成。霉菌菌落形态较大,质地比放线菌疏松,外观干燥,不透明,呈现或紧或松的绒毛状、蜘蛛网状或棉絮状,形状丰富多样,颜色丰富,因此是鉴别霉菌菌种的重要依据。

霉菌菌丝包括营养菌丝(基内菌丝)和气生菌丝。霉菌菌丝可分为无隔菌丝和有隔菌丝,营养菌丝有无假根,无性繁殖或有性繁殖时形成的孢子种类及着生方式,是霉菌形态鉴别的重要依据。本实验观察的霉菌为食品中常见的曲霉、根霉、毛霉和青霉。

由于霉菌菌丝较粗大,且孢子容易飞散,如将菌丝体置于水中容易变形,故观察时用水浸片法将其置于乳酸石炭酸溶液中,使细胞不易干燥,并有杀菌作用,有时为了增加反差在乳酸石炭酸溶液里,加入棉蓝制成乳酸石炭酸棉蓝染液。

三、实验材料

(1)菌种:黑曲霉(*Aspergillus niger*)、黑根霉(*Rhizopus nigricans*)、毛霉(*Mucor sp.*)、青霉(*Penicillum sp.*)。

(2)试剂与耗材:乳酸石炭酸溶液、乳酸石炭酸棉蓝,接种针、接种环、接种铲、载玻片、盖载玻片、显微镜。

四、实验内容与步骤

(一)霉菌菌落特征的观察

用肉眼观察生长在 PDA 琼脂平板上的各种霉菌菌落,并根据下列要求对每种霉菌的菌落特征加以描述。

1. 菌落的大小

局限生长或蔓延生长,菌落的直径和高度。

2. 菌落的颜色

正面和背面的颜色,培养基的颜色变化。

3. 菌落的形态

棉絮状、网状、疏松或紧密、同心轮纹、放线状皱褶等。

(二)霉菌个体形态的观察

1. 直接制片法观察

(1)制片:在干净的载玻片上加 1 滴乳酸石炭酸溶液,用接种针从菌落边缘处取少量带有孢子的菌丝置于液体中,再小心地把菌丝挑散开,然后用盖载玻片盖上,注意不要产生气泡。菌落或菌苔紧密的菌种不易挑出,可用接种铲切割一小块再取出,然后用接种针挑散开。

(2)镜检:先低倍镜观察,再换高倍镜观察。霉菌形态较为复杂,参考下面内容仔细观察。

①毛霉和黑根霉:观察菌丝有无横隔、假根,孢子囊、囊轴、囊托,孢子囊孢子的形状、颜色、大小等。

②黑曲霉:观察菌丝有无横隔、足细胞、分生孢子梗,顶囊的形状、小梗排列方式,分生孢子的形状、颜色和大小等。

③青霉:观察菌丝有无横隔、分生孢子梗、帚状支(小梗的轮数及对称性),分生孢子的形状、颜色和大小等。

2. 插片法培养观察

将已灭菌的盖载玻片斜插入培养基平板上,一半露在外面,然后沿盖载玻片与培养基交接处接种霉菌孢子悬液(见图 4-1)。28 ~30 ℃恒温培养 2 ~4 d。然后,以无菌操作取下盖载玻片,有菌面朝下,放在滴有 1 滴乳酸石炭酸棉蓝的载玻片上,镜检观察。

五、实验报告

(1)记录 4 种霉菌的菌落特征填入表 6-1。

表 6-1　菌落特征

微生物名称	大小	表面形状	颜色	与培养基结合程度	嗅味
毛霉					
黑根霉					
黑曲霉					
青霉					

(2)拍摄或描绘毛霉、黑根霉、黑曲霉、青霉菌的菌丝形态,以及无性繁殖方式。

六、思考题

(1)毛霉、黑根霉、黑曲霉、青霉菌的菌落基本特征有何不同? 如何区别?

(2)黑根霉与青霉在显微形态特征上有何区别?

(3)为何要用乳酸石炭酸溶液制作霉菌水浸片?

(4)比较霉菌菌丝与假丝酵母菌丝的区别。

实验七　微生物的大小测量和血球计数板直接计数

一、实验目的

(1)学习使用显微测微尺测量菌体大小的方法。

(2)学习血球计数板的计数方法。

二、实验原理

微生物细胞的大小是微生物分类鉴定的重要依据之一，微生物个体微小，必须借助显微镜才能观察，要测量微生物细胞大小，也必须借助特殊的测微尺在显微镜下进行测量。此外，微生物的大小测量也可以通过自带标尺的显微拍照系统获得。微生物的生长常通过测定菌体数目说明菌体群体生长状况，测定方法有直接计数法和间接计数法，血球计数板计数是直接计数的一种重要方法。

1. 显微测微尺测量微生物大小的原理

显微测微尺由镜台测微尺和目镜测微尺两部分组成(见图 7-1)。后者可直接用于测量细胞大小。它是一块圆形载玻片，其中央有精确等分刻度，测量时将其放在接目镜中的隔板上。由于目镜测微尺测量的是微生物细胞经过显微镜放大之后的成像大小，刻度实际代表的长度随使用的目镜和物镜放大倍数及镜筒的长度而改变，所以，使用前须先用镜台测微尺进行标定，求出某一放大倍数下，目镜测微尺每一小格所代表的长度，然后用目镜测微尺直接测被测对象的大小。镜台测微尺是一块中央有精确刻度的载玻片，刻度的总长为 1 mm，等分为 100 小格，每小格长 10 μm，专用于对目镜测微尺进行标定。

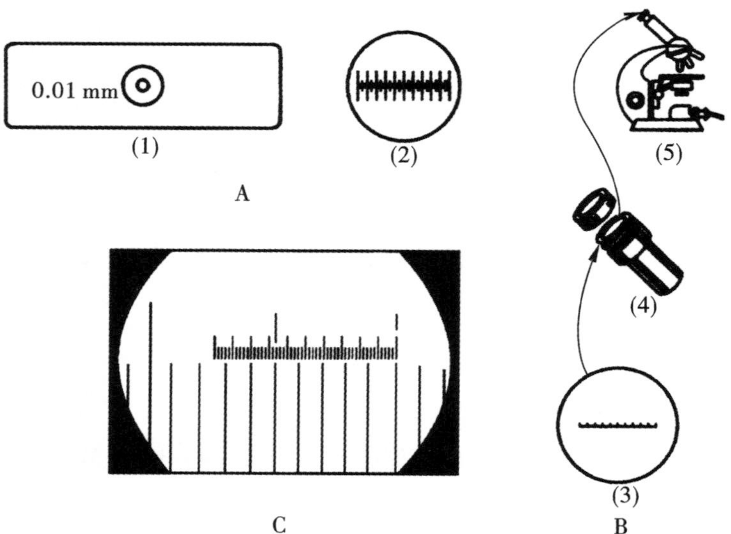

图 7-1　显微测微尺及其安装和标定

A. 镜台测微尺(1)及其中央部分的放大(2)；B. 目镜测微尺(3)及其安装在目镜(4)上再装在显微镜(5)上的方法；C. 用镜台测微尺标定目镜测微尺

2. 血球计数板直接计数的原理

血球计数板(见图 7-2)是一块特制的厚载玻片,载玻片上有四条沟和两条嵴,中央有一短横沟和两个平台,两嵴的表面比两个平台的表面高 0.1 mm,每个平台刻有不同规格的格网,中央 1 mm^2 面积上刻有 400 个小方格,当加盖片于突起部分上面时,刻度部分即形成一个体积为 0.1 mm^3 的空间。血球计数板的刻度有两种,一种是 25 中格×16 小格=400 小格,另一种是 16 中格×25 小格=400 小格。在血球计数板刻有一些符号和数字,如 XB-K-25 为计数板的型号和规格,表示此计数板分 25 中格。

将要计数的样品(酵母菌或霉菌的孢子)做成悬液,加 1 滴在计数板上,盖上盖片,就可根据显微镜下观察到的每个小格内平均的酵母细胞数,计算出每毫升培养液中含有酵母菌的数目(具体方法见实验步骤部分)。

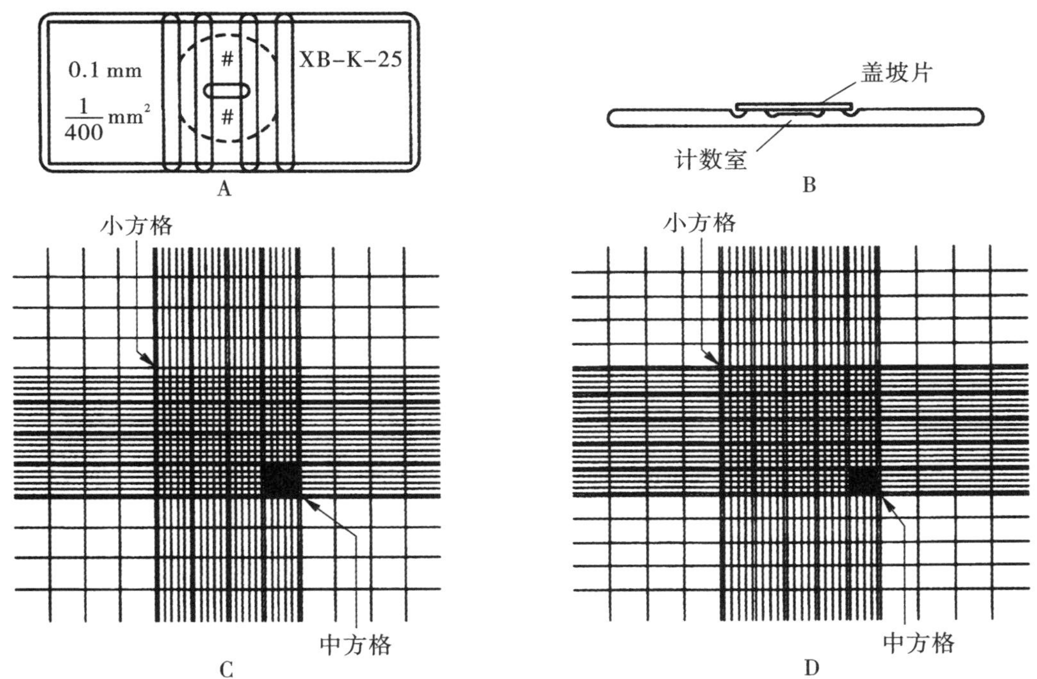

图 7-2 **血细胞计数板构造示意图**

A,B. 血球计数板的正面与侧面图;C,D. 中央方格网的大格、中方格和小方格

三、实验材料

(1)菌种:啤酒酵母菌悬液,枯草芽孢杆菌斜面。

(2)目镜测微尺、镜台测微尺、血球计数板。

四、实验步骤

1. 显微测微尺的使用和微生物细胞大小测量

(1)将目镜测微尺装入目镜内,刻度朝下,并将镜台测微尺置载物台上。

(2)用低倍镜校对,至能清晰地看到镜台测微尺为止。

(3)移动镜台测微尺和转动目镜测微尺,使二者的刻度平行并使两尺的第一条线重合,向右寻找另外相重合的直线,记录两个重合刻度间目镜测微尺和镜台测微尺的格数,由下列公式算出目镜测微尺每格长度(单位为 μm)。

$$\text{目镜测微尺每格长度}=\frac{\text{重合镜台测微尺格数}\times 10}{\text{重合目镜测尺格数}}$$

(4)用高倍镜和油镜校正,求出目镜测微尺每格的长度。

(5)微生物大小的测定:取下镜台测微尺,换上微生物标本片,旋转目镜,任意测量各种菌细胞的长和宽,每一种菌测量 5 个细胞,再求出各种菌细胞大小的平均值。

(6)目镜测微尺的校正见表 7-1。

表 7-1 目镜测微尺的校正

放大倍数	镜台测微尺两重合线间的格数	目镜测微尺两重合线间的格数	目镜测微尺每格平均长度/μm
低倍镜			
高倍镜			
油镜			

2. 血球计数板直接计算法测定酵母菌的数量

(1)样品的灭活和稀释:为使浓度适当便于计数以及避免在计数过程中酵母继续繁殖,数量增加,用质量分数为 1% 的 H_2SO_4 溶液把样品稀释(稀释倍数根据镜检时每小格为 4 ~ 10 个细胞来定,一般稀释 10 倍即可)。

(2)制片:在血球计数板上盖上盖载玻片,将稀释好的样品摇匀,用滴管吸取 1 滴置于盖载玻片的边缘,让菌液自行渗入,用滤纸吸去多余的菌液,使盖载玻片紧贴载玻片。

(3)显微计数

①先在低倍镜下找到小方格网后,再转换高倍镜观察并计算。

②计数时用 25×16 的计数板,要按对角线方位,取左上左下,右上右下的四个中格,以及中央一中格(即 80 小格)的酵母菌数。如果是 16×25 的计数板,则数左上左下,右上右下的四个中格的酵母菌数(即 100 小格),如图 7-3 所示。

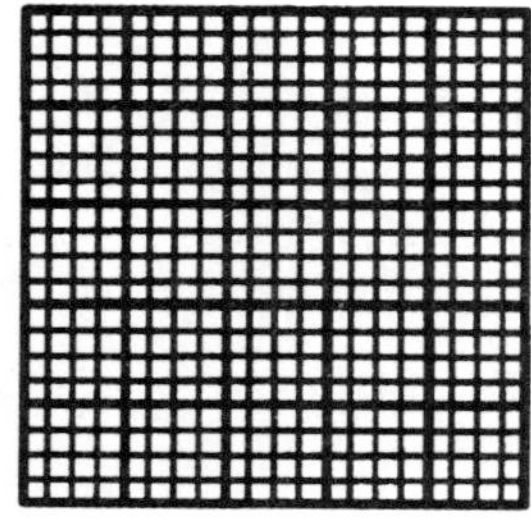
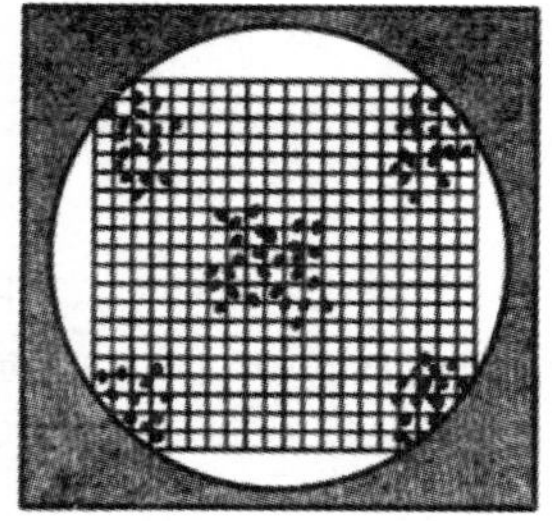

图 7-3 高倍镜下的计数室与计数中格的选择示意图

A. 计数室为 25 中格(16 小格)型;B. 计数时选取 4 角与中央中格

③位于格线上的酵母菌一般只计此格的上方及右方线上的菌体。

④凡酵母菌的芽体达到母细胞大小的一半时，即可作为两个菌体计数，每个样品必须重复计数2个计数室的含菌量，取其平均值，按下述公式计算出每毫升菌液所含酵母细胞数。

$$酵母菌细胞数(或孢子数)/mL=每小格平均细胞数\times400\times10^4\times稀释倍数$$

数据记录与处理见表7-2。

表7-2 数据记录与处理(如25×16计数板)

计数 次数	各中格菌数					80小格菌数	平均值	个/mL
	1	2	3	4	5			
第一室								
第二室								

(4)清洗：使用后，计数板用水充分冲洗，切勿用硬物洗刷，干燥后镜检每小格内无杂质才行。

五、实验报告

(1)将目镜测微尺标定结果填入表7-1中。

(2)记录测量各菌体的长宽格数，并计算其平均值，测定细胞大小，填入表7-3中。

表7-3 微生物细胞大小测量结果

菌种		细胞1	细胞2	细胞3	细胞4	细胞5	平均值/μm
枯草芽孢杆菌	宽度/μm						
	长度/μm						

(3)将血球计数板计数结果填入表7-2中，并计算啤酒酵母菌悬液每毫升中啤酒酵母数以及出芽率。

六、思考题

1. 为什么随着显微镜放大倍数的改变，目镜测微尺每格相对的长度也会改变？
2. 能否用血球计数板在油镜下进行计数？为什么？

实验八　培养基的配制与灭菌技术

一、实验目的

(1)学习培养基的制备、分装和包扎方法,学习玻璃器皿的清洗和包扎技术。

(2)学习干热灭菌和高压蒸汽灭菌技术。

二、实验原理

培养基是按照微生物生长繁殖所需要的各种营养物质,用人工方法配置而成的营养物质,培养基可按其成分、形状、性质及用途来进行各种各样的命名,如按其成分培养基可分为天然培养基、合成培养基和半合成培养基。为了分离和培养微生物,必须有适用于不同微生物要求的培养基,在制备培养基时,除了考虑满足微生物所需要的各种营养条件外,还应当保证微生物所需的其他生活条件,如适应的酸碱度、缓冲性和渗透压。针对不同种类的微生物,将培养基调节到一定的 pH 值范围。

微生物实验所用的培养基和器皿等均需经过灭菌,并保持无菌状态,才能避免杂菌污染,因此,在灭菌前需进行严格的包扎或包装,以保证灭菌后在一定条件下仍然保持无菌状态。常用的灭菌方法有高压蒸汽灭菌法和干热灭菌法。高压蒸汽灭菌法具有应用范围广、效率高等优点,是微生物学实验最常见的灭菌方法,适用于培养基、生理盐水等灭菌。其不足的是灭菌后器皿外潮湿,器皿内产生冷凝水。干热灭菌主要用于耐热的玻璃器皿等,优点是物品经灭菌后保持干燥,但不适应于液体或者固体培养基等。

三、实验材料

药品试剂、天平或电子天平、称量纸、精密 pH 试纸、量筒、试管、三角瓶、漏斗、移液管、烧杯、试管架、电炉、高压蒸汽灭菌锅、干燥箱。

四、实验内容与步骤

(一)培养基的制备过程

称量→配调→调节 pH 值→过滤分装→加塞→包扎标记→灭菌

1. 称量

根据培养基配方,准确称取各种药品,放入适当大小的烧杯中。蛋白胨等易吸潮的药品,称量时要迅速。配制时先估计实际需要用量,后按比例计算各种药品的用量。

2. 配调

称量后,在烧杯中加入所需要的水量(一次或多次加入水),加热,搅拌,使其溶解;如果配制固体培养基,在琼脂的熔化过程中,需不断搅拌,并控制火力不要使培养基溢出或烧焦。待完全熔化后,补足所失水分,如果配方中含有淀粉,则需先将淀粉用少量冷水调成糊状并在火上加热搅拌,然后加足水分及其他药品,待完全熔化后补足所失水分。

注意:用培养基干粉配制培养基时,需认真看清楚配制说明,按所需比例称量,一般需煮沸(尤其是含有琼脂成分时,需煮沸 2 ~ 3 min),才能将培养基成分充分溶解均匀。

3. 调节 pH 值

培养基配方为自然 pH 时，不用调节，否则必须调节才能满足需要。一般做法：培养基溶解均匀并冷却至室温时，用 pH 试纸测 pH（若微生物要求 pH 较精确，可用酸度计），然后根据要求加酸或碱（一般用 1 mol/L HCl 和 1 mol/L NaOH），要缓慢、少量且多加搅拌。

4. 过滤

趁热用滤纸或多层纱布过滤，使培养基清澈透明。一般无特殊要求可省去此步。

5. 分装

根据不同的需要，可将制好的培养基分装入试管或三角瓶内，管（瓶）口塞上棉塞或硅胶塞。固体培养基一定要趁热分装。分装时要避免培养基沾染管（瓶）口，引起污染（见图 8-1）。分装量依情况不同可分为下面几方面：

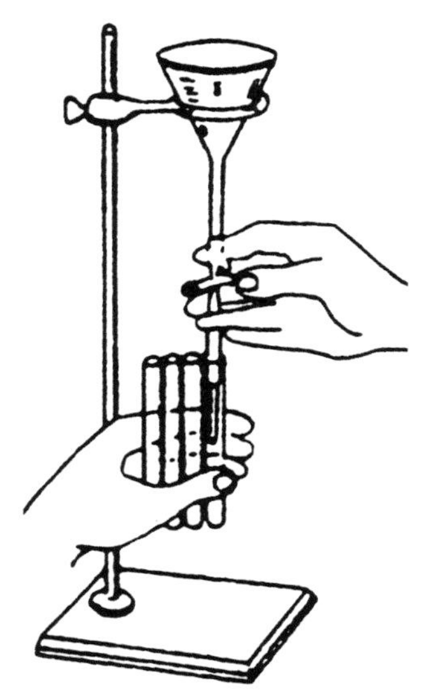

图 8-1 培养基分装

（1）斜面：装量为管长的 1/4 ~ 1/5。

（2）液体培养基、高层培养基、半固体培养基：装载量不超过管长的 1/3。

（3）三角瓶：装量不超过容积 1/2。

6. 包扎标记

培养基分装后加好棉塞或硅胶塞，再包上一层牛皮纸，用棉绳（或者耐高温橡皮筋）系好，在包装纸上标明培养基名称、制备班级、组别和日期等。

7. 灭菌

包扎好的培养基应按培养基配方中规定的条件及时进行灭菌。普通培养基为 121 ℃，20 min，以保证灭菌效果和不损伤培养基的有效成分。培养基经灭菌后，如需要做斜面固体培养基，则灭菌后立即摆放成斜面（见图 8-2），斜面长度一般以不超过试管长度的 1/2 为宜。

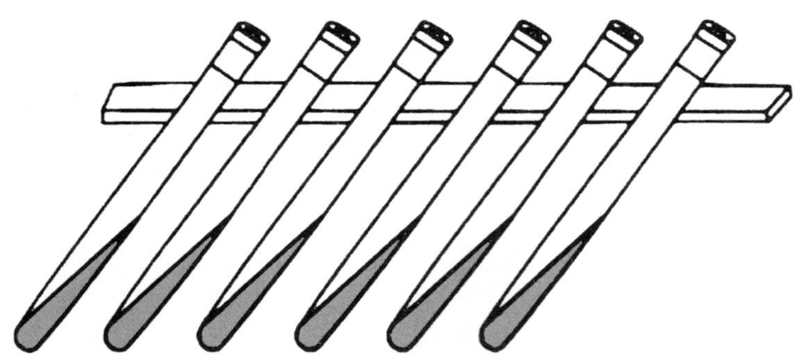

图 8-2　斜面摆放法

(二)几种常用培养基的配制

细菌常用培养基:如营养琼脂培养基(见附录二)。

放线菌培养基:如淀粉琼脂培养基(即高氏 1 号,见附录二)。

真菌培养基:如马铃薯培养基(见附录二)。

其他培养基见附录二 。

(三)常用玻璃器皿洗涤、包扎和灭菌

1. 洗涤

(1)新使用的器皿用质量分数为 2% 的盐酸浸泡过夜,用水冲洗,然后用适当的洗衣粉水浸泡洗涤,再用水充分冲洗干净。

(2)使用过的器皿应立即进行处理和洗涤,使用过的吸管,直接浸泡在盛有消毒剂的玻璃缸中过夜,含有琼脂培养基的器皿(如平板),可先用刮刀或铁丝将器皿内的培养基刮掉,器皿用 1% 新洁尔灭浸泡半小时以上,刮出的培养基加水煮沸趁热倒掉;或直接加水、加洗衣粉煮沸,然后用水冲洗干净。

(3)洗涤载玻片和盖载玻片,新使用的可先用质量分数为 2% 的盐酸浸泡 1 h,冲洗,再用蒸馏水洗 2 ~3 次。用过的载玻片和盖载玻片,有油的用二甲苯擦去油垢,放在洗衣粉溶液中煮沸 10 min,立即用水冲洗,再放在洗液中浸泡 2 h,水洗,最后用蒸馏水洗两次,烘干,冷却后浸入 95%(体积分数)酒精中备用。

(4)对于三角瓶底、瓶口或试管口烧焦的污垢,可用去污粉擦去或者用煮沸的质量分数为 40% 的 NaOH 溶液浸泡,用水冲洗干净。

(5)凡遇到传染性材料的器皿,洗涤前应该高压灭菌后清洗。

2. 包扎

(1)移液管:将洗干净干燥的吸管,在每一管的上端塞入一小段脱脂棉花,松紧适宜,长约 1 cm,防止空气中的微生物吹入管内,然后用纸条从一端开始,斜角式地先将尖端包好,而后卷包整支试管,将余下长出管体的纸条折好,不可使纸条松开,标上容量,若干支吸管扎成一束(见图 8-3),或将吸管装入特制的金属筒中。

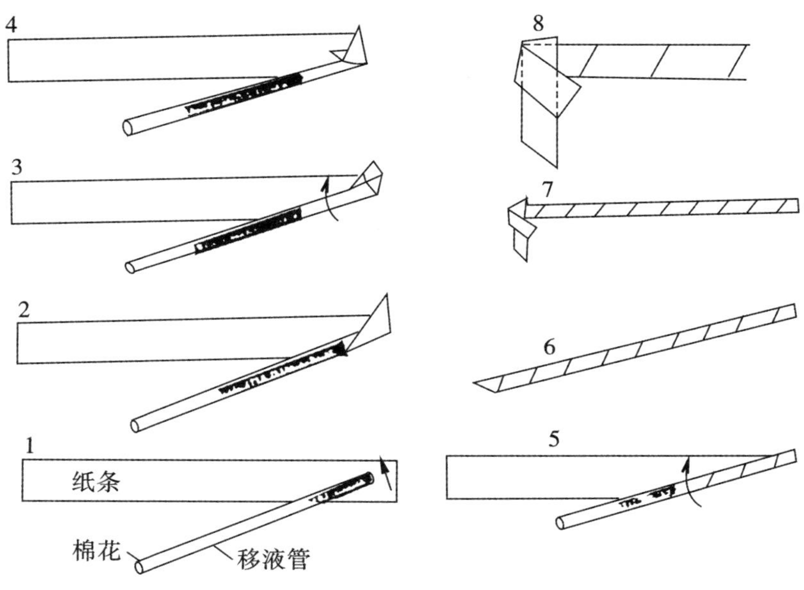

图 8-3 移液管包扎法

(2)培养皿的包扎:将清洁干燥的培养皿以 5 ~ 10 个为一小组用牛皮纸(或报纸)卷成一包,两端将余下的纸折好,不能使培养皿露出,或将培养皿装入金属筒中。

(3)试管和三角瓶的包扎:试管和三角瓶要用棉塞或硅胶塞塞入管口或瓶口,长度不小于管口直径的 2 倍,约 2/3 塞进管内,要求塞子紧贴玻璃壁,不能过紧或过松。

将塞好的试管或三角瓶,用牛皮纸或报纸包好,一般大号(如 18×180)试管每扎 5 支,小号(如 15×150)试管每扎 7 支,然后用棉线或耐高温橡皮筋捆好,三角瓶单独包扎,以待灭菌。

3. 灭菌

包装好的玻璃器皿,一般可放进 140 ~ 160 ℃干燥箱中保持 2 ~ 3 h,进行干热灭菌,也可以用高压蒸汽灭菌,121 ℃,保持 15 ~ 20 min。

(四)高压蒸汽灭菌技术

1. 高压蒸汽灭菌法原理

高压蒸汽灭菌法原理是在密闭的加热容器内进行,加热使容器内的水产生蒸汽,由于密闭,增加了器内的压力,使水的沸点升高,从而获得高于 100 ℃的蒸汽温度,杀灭培养基中所有微生物,达到完全无菌。高压灭菌锅的结构示意图,以及常用的两种高压锅如图 8-4 所示。

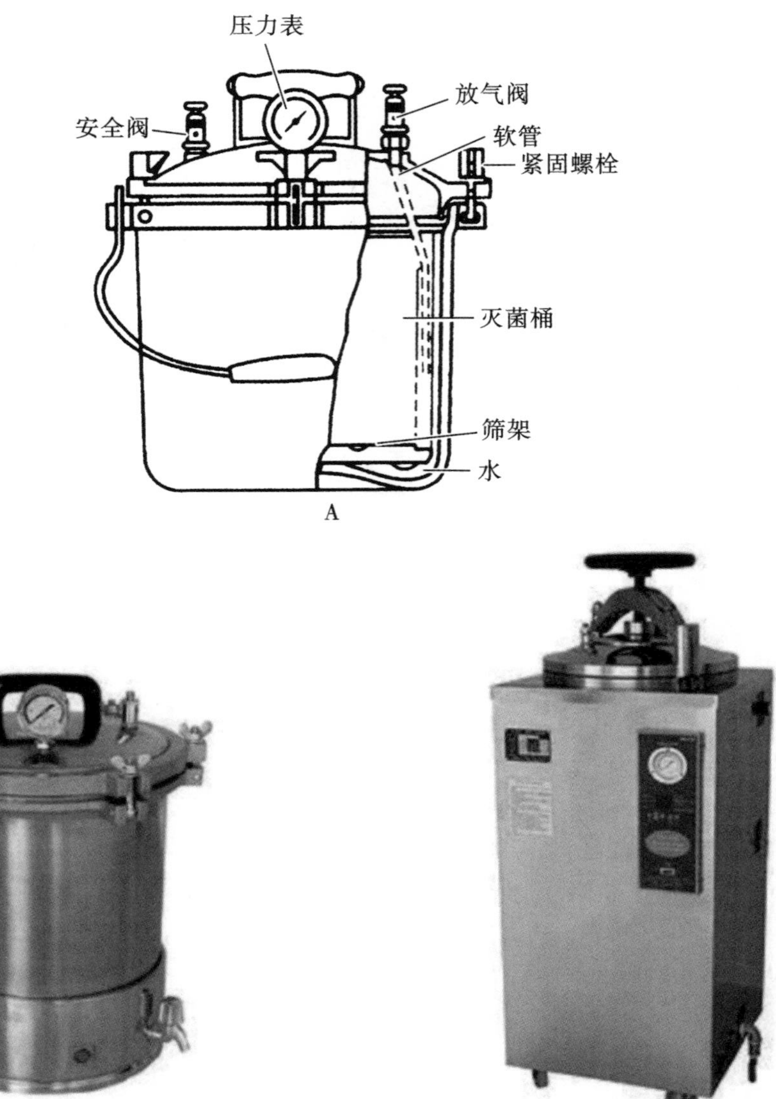

图 8-4 高压蒸汽灭菌锅

A. 手提式高压蒸汽灭菌锅;B. 手提式高压灭菌锅;C. 立式高压灭菌锅

2. 高压蒸汽灭菌法的操作步骤

(1)加水:取出内层灭菌桶,向锅内加适量水(立式高压蒸汽灭菌锅从进水杯处加蒸馏水至量高水位的标尺高度)。

(2)放入待灭菌物品:将待灭菌物品放入灭菌桶内,物品不要放得太紧和紧靠锅壁,以免影响蒸汽流通和冷凝水顺壁流入灭菌物品。

(3)加盖:将盖上的软管插入灭菌桶的槽内,有利于罐内冷空气自下而上排出,加盖,上下螺栓口对齐,采用对角方式均匀旋紧螺栓,使锅密闭。

（4）排冷空气：打开放汽阀，用电加热或煤气加热或直接通入蒸汽加热，自锅内开始产生蒸汽后 3 ~5 min 再关紧放汽阀，此时蒸汽已将锅内冷空气由排气孔排尽。空气排除程度与温度关系见表 8-1。

表 8-1 空气排除程度与温度关系

压力表读数/MPa	灭菌器内温度/ ℃				
	未排除空气	排除 1/3 空气	排除 1/2 空气	排除 2/3 空气	完全排除空气
0.034	72	90	94	100	109
0.069	90	100	105	109	115
0.103	100	109	112	115	121
0.138	109	115	118	121	126
0.172	115	121	124	126	130
0.206	121	126	128	130	135

（5）升压灭菌：温度随蒸汽压力增高而上升，待压力逐渐上升至所需温度时，控制热源，维持所需压力和温度，并开始计时至所需时间。常用的灭菌压力、温度与时间见表 8-2。

表 8-2 高压蒸汽灭菌时常用的灭菌压力、温度与时间

蒸汽压力			蒸汽温度/ ℃	灭菌时间/min
MPa	kg/cm^2	lb/in^2		
0.055	0.56	8.00	112.6	30
0.069	0.70	10.00	115.2	20
0.103	1.00	15.00	121.0	20

（6）降压：达到所需灭菌时间后，关闭热源，让压力降至“0”时慢慢打开放汽阀（排汽口），开盖，取出灭菌物品，倒掉或排出锅内剩水。

斜面培养基自锅内取出后要趁热摆成斜面，灭菌后的空培养皿、试管、移液管等需烘干或晾干。

（五）干热灭菌法技术

1. 干热灭菌法的适用范围

干热灭菌法适用于玻璃器皿，如试管、培养皿、三角瓶、移液管等的灭菌。

2. 操作步骤

（1）装入待灭菌物品：预先将各种器皿用纸包好或装入金属制的培养皿筒、移液管筒内，然后放入电热烘箱中。注意不能太密，保证空气对流顺畅，以免加热不均匀。

(2)升温:关好烘箱门,接通电源,旋转恒温调节器至所需温度(如 150 ~ 160 ℃),使温度上升。

(3)恒温:当温度升到所需温度后,维持温度 2 ~ 3 h。中间切勿打开箱门。

(4)降温:切断电源,自然降温。

(5)取出灭菌物品:待电烘箱内温度降到 70 ℃以下后,才能打开箱门,取出灭菌物品。

五、实验报告

(1)根据自己所做的培养基,说明培养基的制备过程及器皿的包扎技术。

(2)试述干热灭菌高压蒸汽灭菌的过程及注意事项,以及它们之间的区别。

(3)检查配制的培养基经高压灭菌后是否灭菌彻底。

六、思考题

(1)制备培养基的一般程序是什么?

(2)灭菌在微生物学实验操作中有何重要意义?

(3)试述高压蒸汽灭菌的操作方法与应注意的问题?

实验九　微生物的分离、纯化和接种

一、实验目的

(1)了解微生物的无菌操作环节以及掌握无菌操作要点。

(2)掌握微生物分离纯化的方法和基本操作技术。

(3)学习微生物的不同接种技术。

二、实验原理

在自然界中,微生物通常是许多种群混合杂居生活在一起。在科学研究及生产中,为了要大量培养和利用某种微生物,必须把它们从混杂的群体中分离出来,从而获得某一菌种的纯培养物。这种获得只含有某一种或某一株微生物的过程称为微生物的分离与纯化。常用的分离方法有平板划线分离法与稀释平板分离法。

在食品发酵工业中,通过微生物的分离、纯化,选育优良的微生物菌种,以提高产品的质量和产量;在食品安全控制方面,需要进行微生物检测,必须将微生物单一分离出来,加以鉴别和研究。

为了获得某种微生物的纯培养,其方法有两种,一种是提供该微生物生长繁殖的最适培养基和培养条件(如温度、盐浓度、pH 值、氧等);另一种是加入某种抑制剂不影响目的菌的生长,而抑制其他非目的菌生长。然后再通过稀释分离技术(如稀释涂布平板法、稀释平板分离法、平板划线分离法)对该微生物进行分离、纯化,在一定条件下进行培养,使这些微生物在固体平板上形成单一菌落,得到人们所需要菌株的纯培养。

土壤由于其特殊的环境,生活着数量众多、种类繁多的微生物,是人类开发利用微生物资源的重要基地,人们可以从其中分离、纯化得到许多有价值的菌株。

三、实验材料

(1)样品:土壤,或含有葡萄球菌、枯草杆菌、大肠杆菌、酵母菌、毛霉、曲霉、青霉等菌的样品。

(2)培养基:营养琼脂合成培养基、淀粉琼脂培养基(高氏 1 号培养基)、马丁氏琼脂培养基、麦芽汁琼脂培养基(斜面、平板)。

(3)土壤、盛 90 mL 无菌水并带有玻璃珠的三角瓶、盛 9 mL 无菌水的试管。

(4)接种工具:无菌吸管、无菌涂棒、接种环等(见图 9-1)。

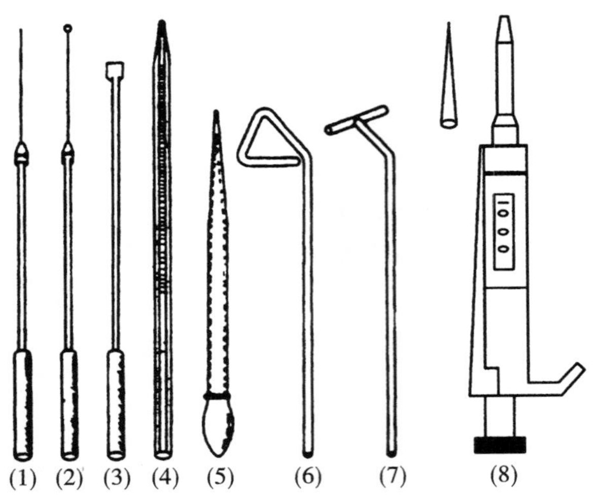

图 9-1 接种工具

(1)接种针;(2)接种环;(3)接种铲;(4)移液管;(5)滴管;
(6)(7)玻璃涂棒;(8)移液器及吸头

四、实验步骤

(一)无菌操作环节

1. 分离接种前的准备工作

(1)接种室应经常保持清洁卫生,用新洁而灭或其他消毒剂擦洗台面,用乳酸或甲醛熏蒸接种室(甲醛 10～15 mL/m³,高锰酸钾 5～7.5 g/m³),密闭门窗,熏蒸 4 h 以上或过夜。

(2)接种室在使用前,应先开紫外线灯灭菌 30 min。

(3)经常对接种室做无菌程度检查。

(4)进入接种室前,应先做好个人卫生,要用肥皂洗手,换上工作鞋,穿工作服,戴口罩。工作鞋、工作服、口罩都只准在接种室内用,并定期洗换和消毒灭菌。

(5)接种的试管、三角瓶等应先做好标记,注明培养基、菌种的名称、日期、移入接种室的所有物品,均须在缓冲室内用 75%(体积分数)的酒精擦拭干净。

2. 接种时操作要点

(1)接种前后双手均用 75%(体积分数)酒精棉球或其他消毒剂擦拭。

(2)操作过程不离开酒精灯火焰,棉塞不乱放,棉塞必须塞的松紧适宜,不要交谈。

(3)接种工具使用前、后均要经火焰灼烧灭菌,所有使用的器皿均须严格灭菌,操作动作要正确、轻而迅速。

(4)接种用的培养基均事先做无菌培养试验。

(二)微生物的分离、纯化方法

1. 稀释平板分离法(又称倾注平板分离法)

采用稀释手段,使样品分散到最低限度,然后吸取一定量注入平皿内,倒入培养基,摇匀静置凝固后培养,这样被分离的细菌被固定在原处而形成菌落,可作为一种计数方法。

流程:制备含菌样液→加样→倒制平板→混匀→培养→挑取单一菌落→试管保存

(1)制备土壤稀释液:(细菌的分离)以无菌操作,称取样品 10 g,加入装有 90 mL 无菌水并带有玻璃珠的三角瓶中,振荡 10 ~ 20 min,使土样与水充分混合,即制成 10^{-1} 的土壤稀释液,用一支无菌移液管吸取 1 mL 10^{-1} 的稀释液注入 9 mL 无菌水的试管内,混合均匀,制成 10^{-2} 的土壤稀释液。用同样方法再制成 10^{-3},10^{-4},10^{-5},10^{-6} 的土壤稀释液。一般每稀释一个浓度,需更换一支无菌吸管。见图 9-2。

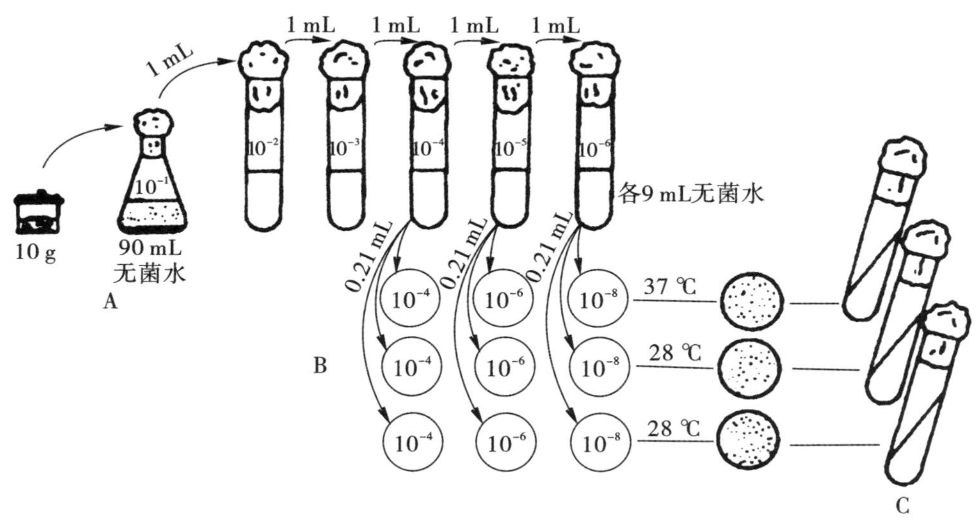

图 9-2　从土壤中分离微生物纯培养物的操作过程

(2)取样:分别准确吸取 1.0 mL 10^{-4},10^{-5},10^{-6} 的土壤稀释液于已经编好号的无菌培养皿中,同一个稀释度至少做一个重复实验。一般操作是先将培养皿标记清楚,再一边稀释,一边加稀释液至培养皿中。见图 9-2、图 9-3。

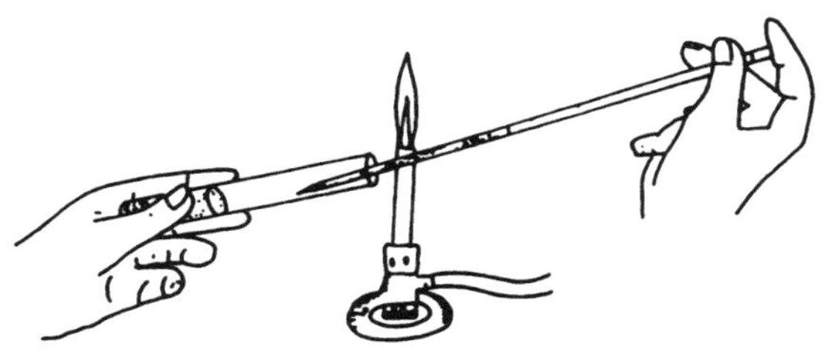

图 9-3　用移液管吸取菌液

（3）倒制平板：将营养琼脂固体培养基融化，待冷却至 50～55 ℃时，在酒精灯火焰旁，以右手持培养基，左手拿培养皿，以无菌操作分别倾入约 15 mL 的培养基于已盛有稀释液的无菌培养皿内，见图 9-4，迅速轻轻摇匀，静置凝固。

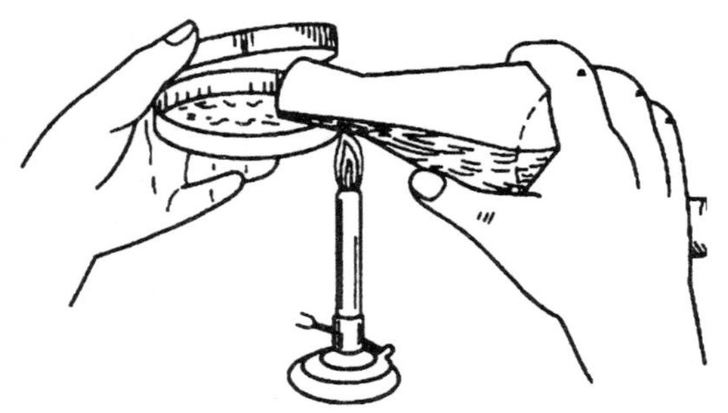

图 9-4 倒制平板

（4）培养：将凝固后的培养皿倒置于 37 ℃恒温箱中，培养 1～2 d，细菌即在所固定的位置长成肉眼可见的菌落，观察平板上菌落的生长和分离情况。

注意：

①放线菌的分离和培养，稀释到 10^{-5}，用高氏 1 号培养基，28 ℃培养 5～7 d。

②霉菌的分离和培养，稀释到 10^{-4}，用马丁氏琼脂培养基，28 ℃培养 3～5 d。

③酵母菌的分离和培养，稀释到 10^{-3}，用麦芽汁琼脂培养基，30 ℃培养 2～4 d。

（5）挑菌落：将培养好的单个菌落分别挑取少许菌体接种到斜面试管培养基上，分别置于各种菌相应适宜的培养箱中培养。若有杂菌，需再一次分离、纯化直至获得纯培养。

2. 稀释涂布平板分离法

流程：制备含菌样液→倒制平板→加样涂布→培养→挑取单一菌落→试管保存

（1）制备土壤稀释液：按稀释平板分离法进行。

（2）倒制平板：按稀释平板分离法将固体培养基融化，待冷却至 50～55 ℃时，在酒精灯火焰旁，以右手持培养基，左手拿培养皿，以无菌操作分别倾入 15 mL 培养基于预先做好的 10^{-4}，10^{-5}，10^{-6}标记的无菌培养皿内，迅速轻轻摇匀，静置凝固。

（3）涂布：用无菌移液管分别由 10^{-4}，10^{-5}，10^{-6} 土壤稀释液中各吸取 0.1 mL 于对应浓度标记的培养皿培养基表面，分别用无菌涂棒将菌悬液轻轻扩展涂布均匀，在桌面静置约 10 min，让菌液渗入培养基中，如图 9-5 所示。

（4）培养：将涂布好的平板放入培养箱培养，观察平板上菌落的生长和分布情况。

（5）挑菌落：同稀释平板分离法，直至获得纯培养。

3. 平板划线分离法

借助划线使混杂的微生物在平板的表面分散开，以获得单个菌落，从而达到分离的目的。具体方法如图 9-6 所示。

流程：制备含菌样液→倒制平板→划线→培养→挑取单一菌落→试管保存

（1）制备土壤稀释液：按稀释平板分离法进行。

（2）倒制平板：按稀释涂布平板法倒制平板，并标记好培养基名称、土壤编号等。

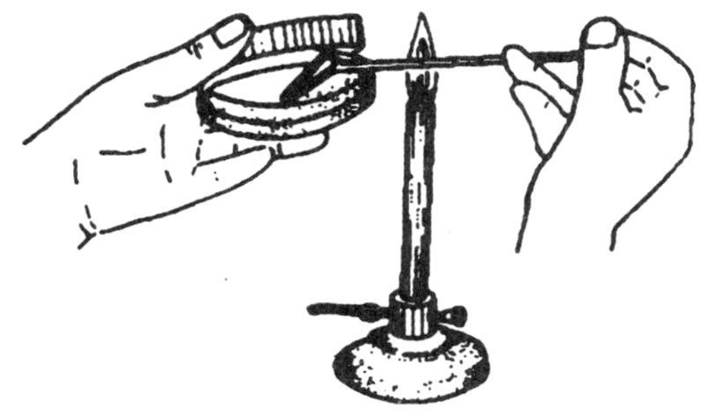

图 9-5　涂布操作过程示意图

（3）划线：左手持平板，右手拿接种环，接种环经灼烧灭菌后，以无菌操作挑取 10^{-1} 的土壤稀释液一环在平板上，轻轻划线（切勿把平板表面划破），划线的方法如图 9-6 所示。

（4）培养：将划线完毕后的培养皿盖上皿盖，倒置后在适宜温度下培养。观察平板上菌落的生长和分别情况。

（5）挑菌落：同稀释平板分离法，直至获得纯培养。

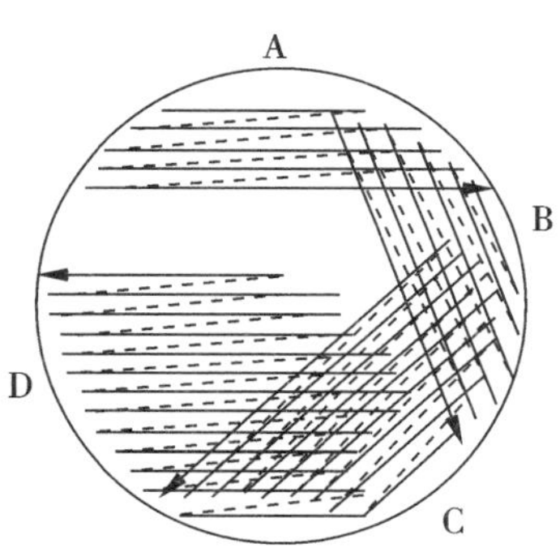

图 9-6　平板划线分离方法

（三）微生物的接种方法

接种：将含菌材料或纯粹的菌种转移到另一无菌的培养基上，这个过程就称为接种。

微生物的接种方法因使用的容器、培养基和培养方法的不同而有所不同。

微生物常用的接种方法有斜面接种、液体接种、穿刺接种、平板接种。

1. 斜面接种

从已长好微生物菌种管移接到另一斜面管的方法称为斜面接种。主要用于接种纯菌，使其增殖后用于鉴定或保存菌种。通常先从平板培养基上挑取单个菌落，或挑取斜面，或肉汤中的纯培养物接种到斜面试管培养基上。

操作时左手持菌种管和斜面管，使斜面向上，并尽量放平。用右手先将试管塞拧转松动，再拿接种环，用右手的小指、无名指和手掌拔下试管塞并夹紧，同时将管口在火焰上灼烧一圈，接种环灼烧灭菌后插入管内，冷却、挑菌，立即转入斜面管底部，沿斜面画曲线或直线，勿使菌体沾污管壁，灼烧试管口，塞回试管塞。灼烧接种环，将接种后的斜面拿去培养。此法用于好气性微生物的接种。如图 9-7 所示。

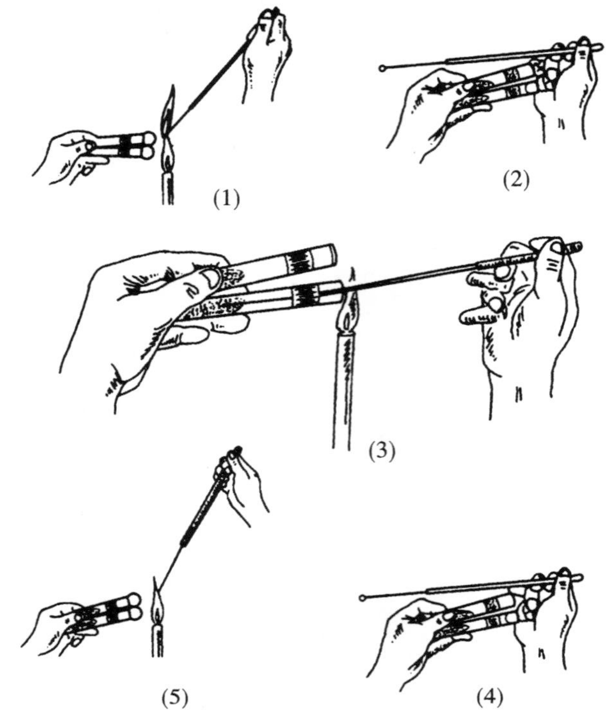

图 9-7 斜面的握法与无菌操作接种的流程示意图

(1)烧环;(2)拔塞;(3)接种;(4)加塞;(5)烧环

2. 液体接种

多用于液体增菌培养,也可用于纯培养菌接种液体培养基进行生化试验。其操作方法与主要事项与斜面接种法相同,仅介绍不同点如下:

(1)由斜面菌接种到液体培养基(如试管或三角瓶等)中的方法。用接种环从斜面上挑取少许菌苔,接入液体培养基中时,使环在液体与管壁接触的地方轻轻摩擦,使菌体分散,然后塞上试管塞,再轻轻摇动均匀,即可培养。接种霉菌时,若接种环不易挑起培养物,可用接种钩或接种铲。

(2)如果是液体培养物接种在液体培养基中时,可用接种环或接种针蘸取少许液体移至新培养基,也可根据需要用移液管、吸管或滴管等移到新培养基接种。

3. 穿刺接种

此法多用于半固体培养基、醋酸铅培养基、三糖铁琼脂与明胶培养基的接种,主要用于兼性厌氧菌或厌氧菌接种,检查细菌的运动能力。操作方法与斜面接种法相似,但不能使用接种环,要使用接种环针,接种针挑取菌种后,插入深层固体培养基内(不要刺到底部),再沿原路拔出。

接种柱状高层或半高层斜面培养管时,应向培养基中心穿刺,一直插到接近管底,再沿原路抽出接种针,主要勿使接种针在培养基内左右摇动,以免穿刺线不整齐,影响观察。如图9-8所示。

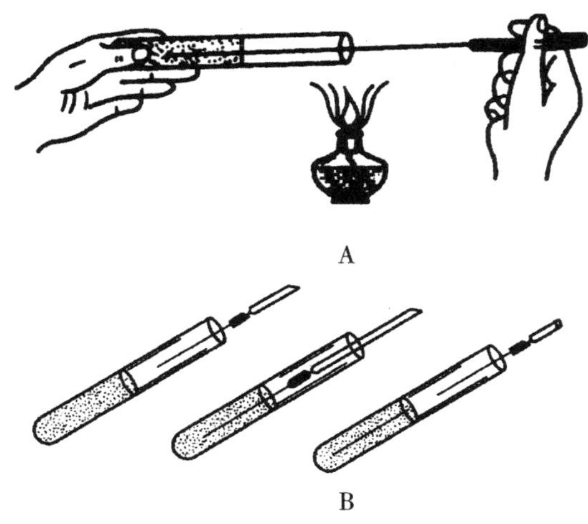

图9-8　穿刺接种

A. 穿刺接种操作；B. 穿刺接种过程

4. 平板接种

将菌种接至培养皿的方法，平板接种的目的是观察菌落形态，分离纯化菌种，活菌计数以及在平板上进行各种试验时采用的一种接种方法。可分为斜面接平板、液体接平板、平板接斜面。

(1)斜面接平板

①划线法：见平板划线分离法。

②点种法：一般用于观察霉菌和酵母的巨大菌落，在无菌操作下，用接种针挑取少量的霉菌孢子或酵母细胞，轻轻点在平板的表面（根霉点一点，曲霉、酵母可点3～4点）即可。

(2)液体接平板：见上稀释涂布平板分离法。

(3)平板接斜面：一般是将经平板分散培养得到的单菌落接种到斜面，以便做鉴定或扩大培养、保存之用。

五、实验报告

(1)记录土壤稀释分离结果，并参考下面公式初步计算每克土壤中的细菌、放线菌和霉菌的数量。

选择菌落数30～300的培养皿进行计数，按式(9-1)计算：

$$\text{总菌数}=\text{同一稀释度的平均菌落数}\times\text{稀释倍数} \tag{9-1}$$

(2)描述稀释平板、平板划线分离纯化所得菌的菌落特征（见表9-1）。

表 9-1 稀释(划线)平板分离菌落形态特征

序号	
菌落形状	
大小	
颜色	
边缘	
表面结构	
透明度	
备注	

六、思考题

(1)稀释分离时,为何要将融化的培养基冷却到 50 ℃左右,才倒入装有菌液的培养皿内?为什么要将培养皿倒置培养?

(2)接种时,为何要尽量使试管平放?

(3)根据哪些菌落特征可区分细菌、放线菌、霉菌?

(4)所做涂布平板法、倾注平板法和划线法是否较好地分离得到了单菌落?如果不是,请分析原因。

(5)试设计一个实验,从土壤中分离酵母菌并进行计数。

实验十　环境因素对微生物生长发育的影响

一、实验目的

（1）了解不同环境中微生物的分布状况，增强学生的无菌观念。

（2）了解某些物理因素、化学因素及生物因素影响微生物生长的原理。

（3）掌握物理因素、化学因素及生物因素影响微生物生长的试验方法。

二、实验原理

微生物无处不在，跟我们的生活息息相关，在生长过程中极易受到环境因素的影响。这些环境因素包括：物理因素（如紫外线、温度、氧气等）、化学因素（如 pH 值、化学药物等）、生物因素（如抗生素等）。

不同环境因素对微生物的生长发育影响不同，同一因素因其浓度或作用时间不同，对微生物的影响也不同，当外界环境适宜时，微生物进行正常的生长、繁殖，不良环境对其生长表现为抑制作用，有时会导致菌体的死亡，但是，某些微生物产生的芽孢，对恶劣环境有很强的抵抗力，我们可以控制环境条件，使有害微生物生长受到抑制或杀灭，而对有利的微生物，通过调节理化因素，使其得到良好的生长繁殖或产生有经济价值的代谢产物。

三、仪器与材料

（1）菌种：大肠杆菌（*Escherichia coli*）、金黄色葡萄球菌（*Staphylococcus aureus*）、枯草芽孢杆菌（*Bacillus subtilis*）、酿酒酵母（*Saccharomyces cerevisiae*）、发酵单孢菌（*Zymomonas sp.*）、乳链球菌（*Streptococcus lactis*）、丙酮丁醇-梭菌（*Clostridium acetobutylicum*）、产黄青霉菌（*Penicillium chrysogenum*）。

（2）培养基：肉膏蛋白胨半固体深层培养基（固体和液体）、营养琼脂培养基、豆芽汁葡萄糖培养基。

（3）药品：体积分数为 75% 的酒精，质量分数为 10% 的石炭酸（苯酚），质量分数为 1% 的碘液，质量分数为 0.1% 的结晶紫，质量分数为 30% 的福尔马林（甲醛）等。

（4）仪器及其他：酒精灯、无菌培养皿、无菌圆滤纸片、无菌滴管、水浴锅、黑纸、紫外线灯、接种工具等。

四、实验内容与步骤

（一）环境中微生物的检查

检查空气、土壤 、手指、钱币等环境微生物的分布状况，以增强学生的无菌观念。

（1）制备肉汤蛋白胨平板。

（2）在培养皿的底部，用记号笔划分为几个区域，用手指、钱币等在平板上轻轻涂抹，37 ℃进行培养。如要检查空气中的杂菌时，则将平板的培养皿盖打开，在空气中暴露5 ~ 10 min（可以选择室内外不同地点）再盖上皿盖，37 ℃倒置培养。

(二)物理因素对微生物生长的影响

1. 紫外线对微生物生长的影响

(1)培养基的制备和标记:配制营养琼脂培养基并灭菌,分装3个培养皿制成平板,分别标注大肠杆菌、枯草芽孢杆菌、金黄色葡萄球菌试验菌的名称。

(2)接种:分别用无菌吸管吸取培养18~20 h的大肠杆菌、枯草芽孢杆菌、金黄色葡萄球菌菌液0.1 mL(或2滴),滴在相应的平板上,再用无菌涂棒涂布均匀。

(3)紫外线处理:用无菌黑纸或牛皮纸剪成一定形状(如三角形),打开培养皿盖,包住平板,开口朝上置于预热10~15 min的超净工作台里,在紫外灯下照射20 min左右,取去包纸,盖上皿盖。

(4)培养:在37 ℃培养箱中培养24 h。

(5)结果观察:根据菌株分布情况,比较并记录3种菌对紫外线的抵抗能力(见图10-1)。

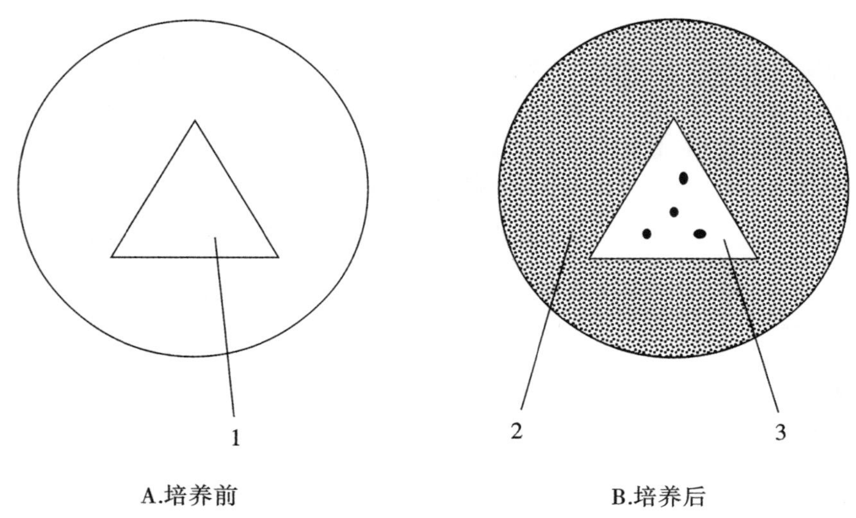

图10-1 紫外线对微生物生长的影响

1.照射区域;2.未直接照射区域细菌生长;3.照射区有少量菌生长

2. 温度对微生物生长的影响

(1)培养基的制备:配制营养肉汤培养液和麦芽汁葡萄糖培养液,分装试管,每管装5 mL左右,灭菌备用。

(2)选择试验温度:取16支营养肉汤培养液和8支麦芽汁葡萄糖培养液,分别标明20 ℃,28 ℃,37 ℃,45 ℃ 4种温度,每种温度营养肉汤培养液4管,麦芽汁葡萄糖培养液2管。

(3)接种与培养:营养肉汤培养液分别接入培养18~20 h的大肠杆菌和枯草芽孢杆菌液0.1 mL,混匀;麦芽汁葡萄糖培养液接入培养18~20 h的酿酒酵母液0.1 mL,混匀。每个处理设2个重复,并进行标记,放在标记温度下振荡24 h。

(4)结果观察:根据菌液的混浊度判断以上各种菌的适宜生长温度。

3. 氧气对微生物生长的影响

(1)培养基的制备:配制肉膏蛋白胨半固体深层培养基试管 11 支,灭菌备用。

(2)接种:取上述试管 11 支,用穿刺接种法分别接种枯草芽孢杆菌、丙酮-丁醇梭菌、大肠杆菌、发酵单孢菌、乳链球菌,每种菌接种 2 支培养基试管,另一支做空白对照。

注意穿刺接种时,接种针尽量深入,但不要穿破培养基触及试管底部。

(3)培养:在 37 ℃培养箱中培养 48 h。

(4)结果观察:取出实验样品,观察各菌在培养基中生长的部位(见图 10-2)。

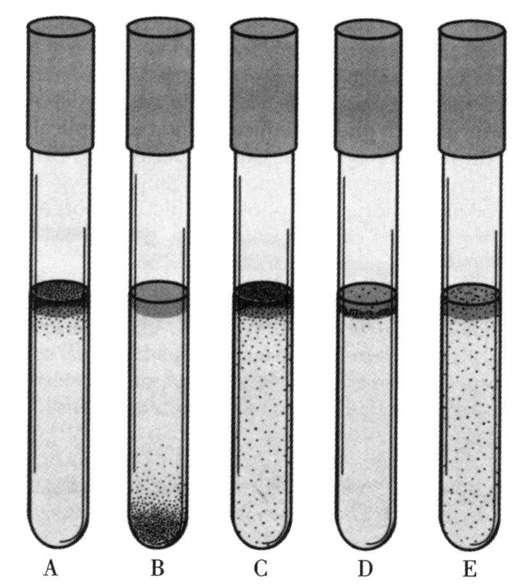

图 10-2 氧气对微生物生长的影响

A. 好氧菌;B. 厌氧菌;C. 兼性厌氧菌;D. 微厌氧菌;E. 耐氧菌

(三)化学因素对微生物生长的影响

1. 不同 pH 值对微生物生长的影响

(1)培养基的制备:配制营养肉汤培养液和麦芽汁葡萄糖培养液,分别调 pH 值为 3,5,7,9,11,每管装 5 mL,每个 pH 值配供三套,灭菌备用。

(2)菌悬液的配制:分别取无菌生理盐水 4 mL 加入到培养了 18 ~ 20 h 的大肠杆菌和酿酒酵母斜面中,用接种环轻轻刮下菌苔,摇匀,制成菌悬液,菌悬液浓度大概为 10^6 CFU/mL。

(3)接种与培养:营养肉汤培养液中接种大肠杆菌菌悬液 1 滴(约 0.1 mL),摇匀,放于 37 ℃恒温箱内培养 24 h;麦芽汁葡萄糖培养液中接种酿酒酵母菌菌悬液 1 滴(约 0.1 mL),摇匀,放于 28 ℃恒温箱中培养 24 h。

(4)结果观察:根据菌液混浊程度判断微生物在不同 pH 值的生长程度。

2. 化学药物对微生物生长的影响

(1)菌悬液的配制:分别取无菌生理盐水 4 mL 加入到培养了 18 ~ 20 h 的大肠杆菌、

枯草芽孢杆菌、金黄色葡萄球菌斜面中，用接种环轻轻刮下菌苔，摇匀，制成菌悬液，菌悬液浓度约为 10^6CFU/mL。

（2）滴加菌样并制平板：分别吸取 0.2 mL（或 4 滴）菌液，滴入无菌培养皿中，然后将融化并冷却至 50 ℃左右的营养琼脂培养基倾入，混匀，静置凝固。

（3）接种：用镊子夹取已分别浸泡于 75%（体积分数）的酒精，10%（质量分数）的苯酚，1%（质量分数）的碘液、0.1%（质量分数）的结晶紫、30%（质量分数）的福尔马林等药品溶液中的圆滤纸片，置于同一含菌的平板上。静置 10 min 以上，待充分吸收。

（4）培养：将平板倒置于 37 ℃恒温箱中，培养 24 h。

（5）观察结果：记录抑菌圈的直径，根据其直径大小，可初步确定各种药物的抑菌效能（见图 10-3）。

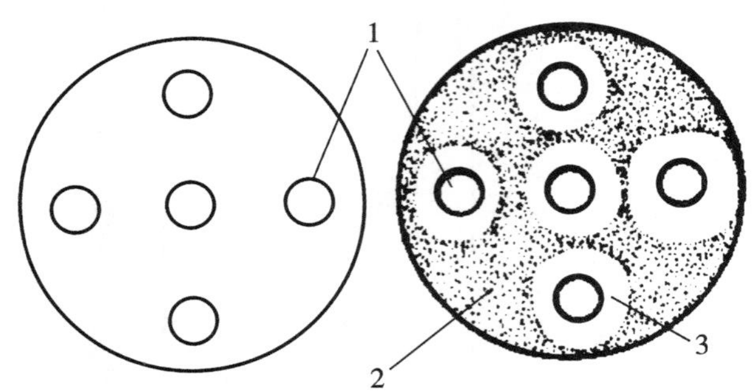

图 10-3　圆滤纸片法测药物杀菌作用

1. 滤纸片；2. 细菌生长区；3. 抑菌区

3. 生物因素对微生物生长的影响

生物之间的拮抗作用，不同抗生素对不同病原菌的作用不同。了解某一抗生素的抗菌范围的试验称为抗菌谱试验。本试验是检验产黄青霉菌产生的青霉素对不同微生物的作用。

（1）取无菌培养皿 2 个，倒入豆芽汁葡萄糖琼脂培养基，制成平板。

（2）从产黄青霉菌斜面或平板上用接种环取一环孢子，置于 1 mL 左右无菌水中，制成孢子悬液。取孢子悬液一环在平板一侧划一直线，置于在 28 ℃培养箱中培养 3 ~ 4 d，使形成菌苔及产生青霉素。

（3）用接种环分别取培养了 18 ~ 24 h 的大肠杆菌、枯草芽孢杆菌和金黄色葡萄球菌，从产黄青霉菌苔边缘（注意不要接触菌苔）向外划一直线接种，使成三条平行线（见图 10-4）。

（4）将平板置于 37 ℃培养箱中培养 24 h 后观察结果。用游标卡尺或尺子测量抑菌区的长度。

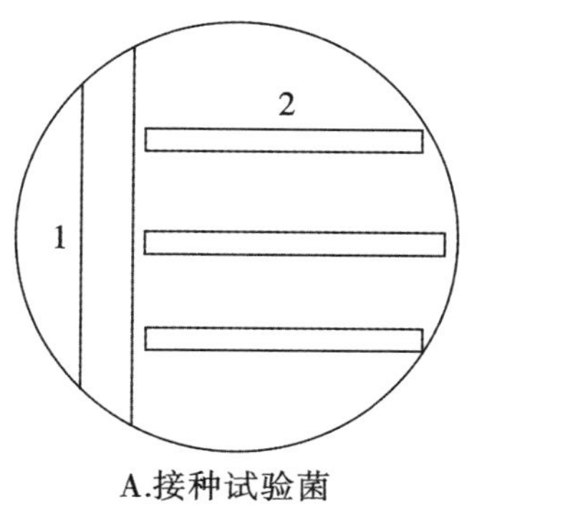

A.接种试验菌

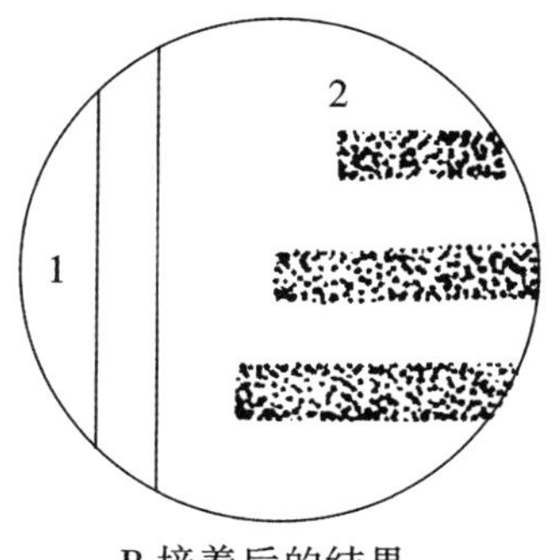

B.培养后的结果

图 10-4　抗生素抗菌试验示意图

1.产黄青霉;2.试验菌株

五、实验报告

(1)记录环境微生物检查的现象及进行分析和说明。

(2)观察紫外线对微生物的杀菌情况,比较紫外线照射对革兰氏阴性菌、革兰氏阳性菌和芽孢杆菌的不同影响。

(3)描述不同温度对微生物生长的影响。

(4)观察各微生物在不同氧气环境中的生长情况,说明实验所选微生物对氧气的需求类别。

(5)记录化学药物对微生物的抑菌圈直径,根据其直径大小,初步比较各种化学药物的抑菌效能。

(6)绘图表示产黄青霉菌产生的抑菌作用。

六、思考题

(1)紫外线为何有杀菌作用?经紫外线照射的部分为何会出现异常菌落?

(2)实验中为什么要选用大肠杆菌、金黄色葡萄球菌和枯草芽孢杆菌作为供试菌?

(3)根据黄青霉菌产生的抑菌作用分析其对微生物的抑菌机制。

实验十一 细菌鉴定中常用的生理生化反应试验

一、实验目的

(1)了解细菌鉴定中常用的生理生化反应及原理。

(2)掌握细菌鉴定中常用的生理生化反应试验方法。

二、实验原理

微生物个体微小,有时形态鉴定如菌落观察、镜检等无法进行有效区分。由于各种细菌具有不同的酶系统,所以它们能利用的底物(如糖、醇及各种含氮物质等)不同,或虽利用相同的底物但产生的代谢产物却不相同,因此可利用各种生理生化反应来鉴别不同的细菌。

绝大多数细菌都能利用糖类作为碳源和能源,但是它们在分解糖的能力上有很大的差异,有些细菌能分解某种糖并产酸(如乳酸、醋酸、丙酸等)产气(如氢气、甲烷、二氧化碳等);有些细菌只产酸不产气。例如大肠杆菌能分解乳糖和葡萄糖产酸并产气;伤寒杆菌能分解葡萄糖产酸不产气,不能分解乳糖;普通变形杆菌分解葡萄糖产酸产气,不能分解乳糖。

利用微生物的生理生化反应鉴定细菌是经典的鉴别方法,而且在分子生物学技术和手段不断发展的今天,细菌的生理生化反应的原理仍然得到充分重视和利用,开发出种类丰富的快速鉴定方法,如 API 生化鉴定条等。

三、仪器与材料

(1)菌种:大肠埃希氏菌(*Escherichia coli*)、肠细菌(*Enterobacteria*)、产气肠杆菌(*Enterobacter aerogenes*)、普通变形杆菌(*Proteus vulgaris*)、枯草芽孢杆菌(*Bacillus subtilis*)等斜面菌种。

(2)培养基:糖发酵培养基(葡萄糖、乳糖或蔗糖)、葡萄糖蛋白胨培养基(MR-VP 培养基)、蛋白胨水培养基(色氨酸肉汤)、柠檬酸盐培养基(西蒙氏枸橼酸盐)、硫化氢培养基、明胶培养基、硝酸盐培养基、淀粉培养基。

(3)试剂:V-P 甲液、V-P 乙液、甲基红试剂、靛基质试剂、硝酸盐还原甲液、硝酸盐还原乙液、碘液、乙醚、1.6%(质量分数)溴甲基酚紫指示剂。

(4)器具:超净工作台、恒温培养箱、高压灭菌锅、试管、移液管、发酵管。

四、内容与步骤

1. 糖发酵试验

糖发酵试验是最常用的生化反应,绝大多数微生物都能利用糖类物质,但不同微生物对不同糖类的利用是有选择的,并且分解能力也不同,有些微生物能使糖分解产酸产气,有的只能产酸而不产气,酸和气的产生与否,可由试管中指示剂颜色的变化和发酵管内气泡的有无来判断。指示剂溴麝香草酚蓝,在碱性环境呈蓝色,在酸性环境呈黄色。

方法：在两种不同的糖发酵培养基中各接入菌种一环，然后置于 37 ℃的培养箱中培养 24 h 后，观察是否产酸、产气，并做空白对照。

2. 甲基红试验（M. R 试验）

某些细菌在葡萄糖蛋白胨培养基中能产生大量的酸，使 pH 值降低至 4～5，它先产生丙酮酸，丙酮酸再分解成甲酸、乙酸、乳酸等。酸的产生可由加入甲基红指示剂的变色而指示（有效 pH 值范围为 4.2～6.3）。由于不同的细菌产酸量不同，如果培养液由原来的橘黄色变为鲜红色，即为甲基红的阳性反应，橘红色为阳性，黄色为阴性。

方法：在葡萄糖蛋白胨培养基中接入菌种一环，然后置 37 ℃培养 48 h，再滴入甲基红指示剂，观察结果。

3. V. P 试验（Voges-Pzoshauer）

某些细菌生长于葡萄糖蛋白胨培养基中能分解葡萄糖产生丙酮酸，而丙酮酸又可缩合、脱羧而转变成乙酰甲基甲醇，如加入强碱液，即与空气中的氧起作用产生二乙酰，二乙酰与蛋白胨中的含胍基成分作用生成红色化合物，称阳性反应。在试管中加入 α-萘酚时，可促进反应的出现，没有红色化合物出现，则称阴性反应。V. P 反应过程如图 11-1 所示。

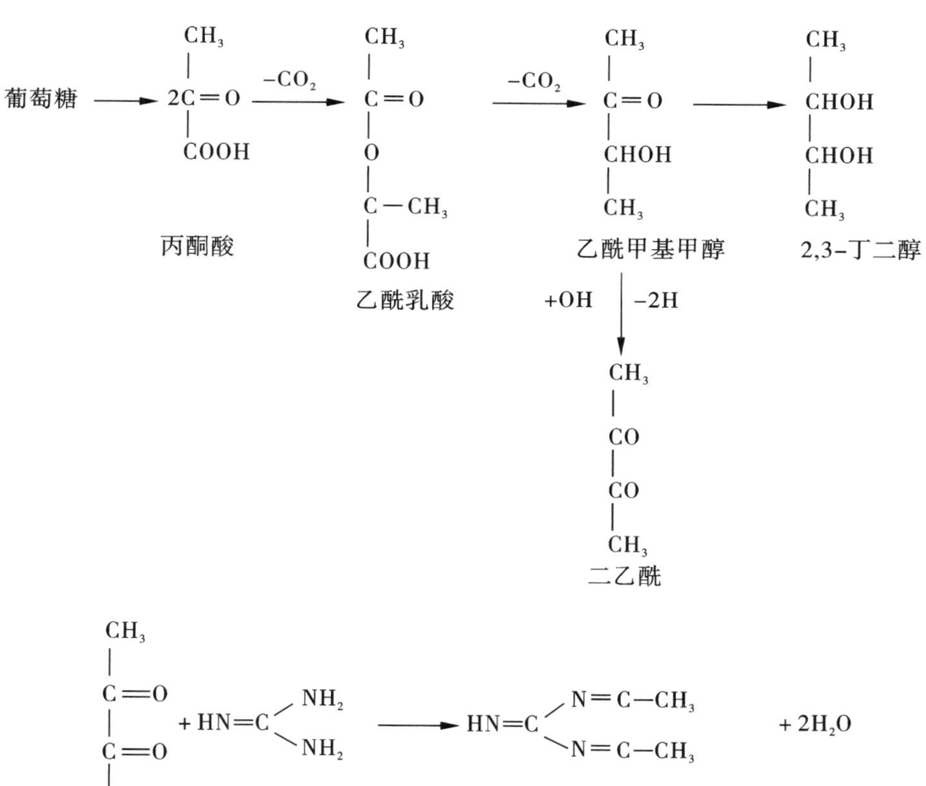

图 11-1　V. P 试验反应过程

方法：在葡萄糖蛋白胨培养基中接入菌种，于 37 ℃培养 24 h。在培养液里加入 1/2

培养液量的40%（质量分数）KOH溶液（V-P甲液），再加入等量的5%（质量分数）α-萘酚溶液（V-P乙液），拔去棉塞，用力振荡，再放入37 ℃温箱中保温15～30 min（或在沸水浴中加热1～2 min）。如培养液出现红色为阳性。

4. 吲哚试验

有些细菌能分解蛋白胨中的色氨酸而生成吲哚。吲哚与对二甲基氨基苯甲醛结合，形成红色的玫瑰吲哚。其反应过程如图11-2所示。

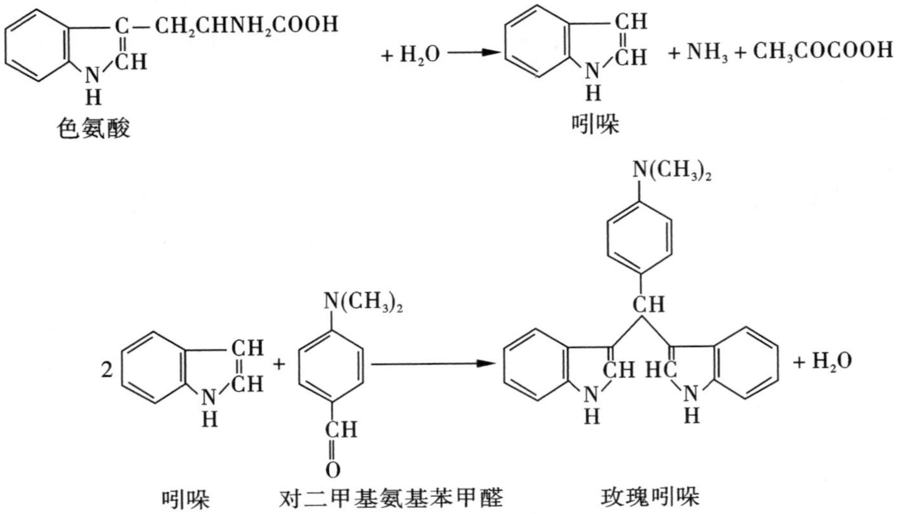

图11-2 吲哚试验反应过程

方法：在蛋白胨培养基（色氨酸肉汤）中接入菌种一环，置37 ℃培养箱中培养48 h，于培养液中缓慢加入5滴吲哚试剂（靛基质试剂），轻轻摇匀，静置观察，液面呈红色者为阳性，否则为阴性。

也可在培养液中先加入乙醚约1 mL（使呈明显的乙醚层），充分振荡，使吲哚溶于乙醚中，静置片刻，使乙醚层浮于培养基的上面，这时再沿管壁慢慢加入吲哚试剂5～10滴，观察有无红色环出现。注意：加入试剂后不可再摇动，否则被混合，红色不明显。

5. 硝酸盐还原试验

某些细菌具有硝酸盐还原能力，将硝酸盐还原为亚硝酸盐或氨和氮等，当在培养液中加入格里斯试剂后，亚硝酸盐与其中的醋酸作用生成亚硝酸，亚硝酸与对氨基苯磺酸作用生成重氮苯磺酸，后者与α-萘胺结合成为红色的N-α-萘胺偶氮磺酸，则为阳性反应。其反应过程如图11-3所示。

方法：在硝酸盐液体培养基中各接入菌种一环，置37 ℃培养2～4 d后，先后加入硝酸盐还原甲液和乙液各1滴，摇匀，观察结果，阳性者立即或于10 min内显示红色，若为阴性者则有细菌不能还原硝酸盐；细菌继续将亚硝酸分解成氨和氮两种可能。

判断阴性反应，可加入二苯胺和浓硫酸检查硝酸盐是否分解。如加入二苯胺试剂呈蓝色反应，又无亚硝酸反应，则为阴性反应；如无蓝色反应，亚硝酸盐继续还原成其他物质，则应为阳性反应。

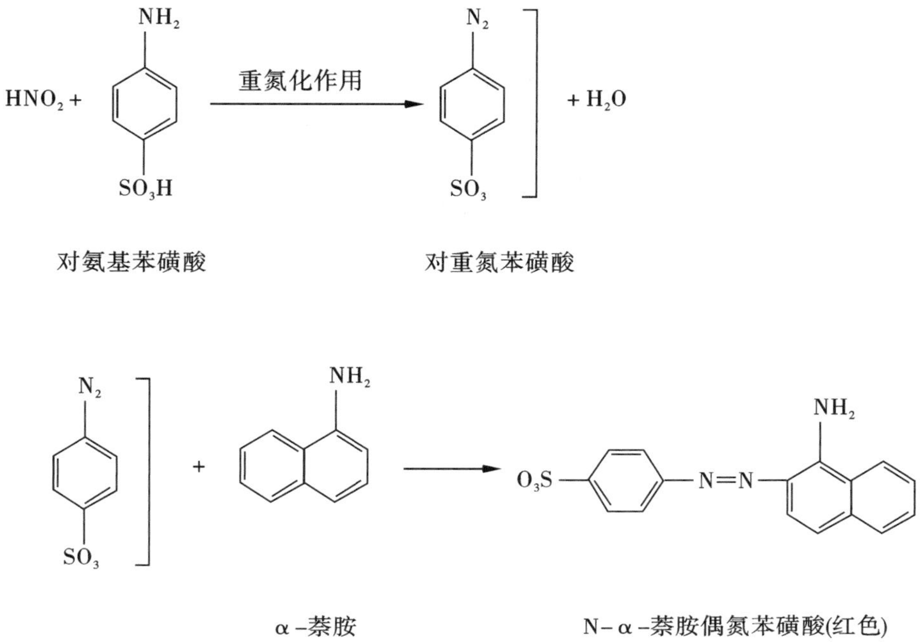

$$HNO_2 + \text{对氨基苯磺酸}(NH_2-C_6H_4-SO_3H) \xrightarrow{\text{重氮化作用}} [\text{对重氮苯磺酸}(N_2-C_6H_4-SO_3)] + H_2O$$

对氨基苯磺酸　　　　对重氮苯磺酸

$$[N_2-C_6H_4-SO_3] + \alpha\text{-萘胺}(NH_2-C_{10}H_7) \longrightarrow O_3S-C_6H_4-N{=}N-C_{10}H_6-NH_2$$

α-萘胺　　　　N-α-萘胺偶氮苯磺酸(红色)

图 11-3　硝酸盐还原反应过程

6. 产硫化氢试验

某些细菌能分解含硫的有机物或无机物产生硫化氢(H_2S),H_2S 遇重金属盐类(如铅盐、铁盐等),则形成黑色的硫化铅或硫化铁的沉淀物,从而可判断 H_2S 的产生与否。

方法:取硫化氢培养基(内含有柠檬酸铁铵),接种,置 37 ℃培养 24 h,观察有无黑色沉淀产生。

7. 柠檬酸盐利用试验

许多细菌不能分解柠檬酸盐作为碳源,而有些细菌能分解柠檬酸盐,产生碱性化合物,使培养基由于中性变碱,培养基中的溴麝香草酚蓝指示剂由绿色变为深蓝色。

方法:取柠檬酸盐培养基(西蒙氏枸橼酸盐),接种,于 37 ℃培养 2 ~ 4 d 后观察,培养基由绿色变为蓝色者为阳性,否则为阴性(做空白对照)。

8. 明胶液化试验

明胶是一种蛋白质,有些细菌能分泌蛋白酶(胞外酶)分解此种蛋白,致使失去其本身的凝胶性质,而没有凝固性。明胶的分解是一种酶促反应,与这一变化有关的酶称为明胶酶,无此酶的微生物则不能液化明胶。明胶液化后的形态可作为微生物分类鉴别的依据之一(见图 11-4)。

方法:将菌种接种于明胶培养基中,20 ℃培养 2 ~ 5 d,取出观察明胶液化的情况及液化形状。

9. 淀粉水解试验

某些细菌能产生胞外淀粉酶,将淀粉水解为麦芽糖和葡萄糖,再被细菌吸收利用。淀粉水解后,遇碘不再变蓝色。

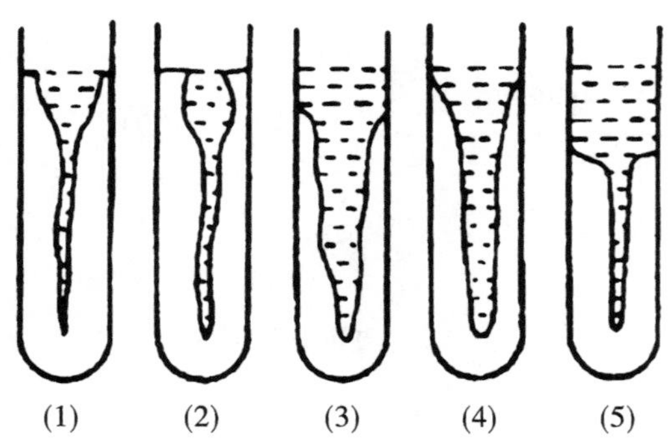

图 11-4 明胶穿刺液化的形态

(1)火山口状;(2)芜菁状;(3)漏斗状;(4)囊状;(5)层状

方法:将淀粉培养基融化后,倒平板。用接种环取苏云金杆菌一环在平板的一边划"+"字接种,另取试验菌于另一边接种,置37 ℃培养1 h。观察,滴加碘液于培养基上,轻轻旋转培养皿,使碘液均匀铺满整个平板,如果在菌落周围出现无色透明圈,则淀粉被分解。透明圈大小说明该菌水解淀粉能力的大小。

细菌对各种物质的分解和利用的试验内容见表11-1。

表 11-1 细菌鉴定中常用的生化反应试验

试验名称	菌种名称	培养基名称	接种方法	每人接种管(平板)数
糖发酵试验	大肠杆菌 肠细菌	糖发酵培养基	液体	2
甲基红试验	大肠杆菌 肠细菌	葡萄糖蛋白胨水培养基(MR-VP)	液体	2
V.P反应试验	产气杆菌 肠细菌	葡萄糖蛋白胨水培养基(MR-VP)	液体	2
吲哚试验	大肠杆菌 肠细菌	蛋白胨水培养基(色氨酸肉汤)	液体	2
硝酸盐还原试验	产气杆菌 肠细菌	硝酸盐还原试验培养基(硝酸盐肉汤)	液体	2
产硫化氢试验	普通变形杆菌 大肠杆菌	产硫化氢试验培养基	液体	2
柠檬酸盐利用试验	产气杆菌 大肠杆菌	柠檬酸盐培养基(西蒙氏枸橼酸盐)	液体	2
明胶液化试验	大肠杆菌 产气杆菌	明胶液化试验培养基	液体	2
淀粉水解试验	苏云金杆菌 大肠杆菌	淀粉培养基	平板	1

备注：使用购买的生化试剂管做试验时，接种量、培养温度、培养时间及结果观察方法等请参考生化试剂盒说明。

五、实验报告

将各生理生化试验的实验结果填入表 11-2 中，记录实验现象与结果判断。

表 11-2 细菌对各种物质的分解和利用各项试验结果

试验名称	反应物	代谢产物	检查产物的试剂	结果记录				
				大肠杆菌	肠细菌	产气杆菌	普通变形杆菌	苏云金杆菌
糖发酵试验								
甲基红试验								
V.P 反应试验								
吲哚试验								
硝酸盐还原试验								
产硫化氢试验								
柠檬酸盐利用试验								
明胶液化试验								
淀粉水解试验								

以“+”表示阳性；以“-”表示阴性

六、思考题

(1)生理生化反应能用于鉴别细菌，其原理是什么？

(2)细菌生理生化反应试验中为什么要设对照？

(3)试设计一个试验方案，鉴别一株肠道细菌。

实验十二　常规的抗原与抗体反应试验

一、目的要求

（1）了解细菌的凝集反应原理，掌握载玻片凝集反应、试管定量凝集实验方法。

（2）学习血清的凝聚反应和琼脂扩散沉淀实验的方法。

二、实验原理

微生物以及其他一些抗原性物质进入抗体后，能在机体的血清中产生特异性抗体，这种抗体与相应的抗原在体外相遇，可以表现出凝聚、沉淀、溶解、补体结合等多种反应。这些反应的实验都是采用免疫血清来进行的，称之为血清学实验。在微生物的实验室中，利用血清学反应原理，常用已知的病原微生物，以检查感染者的血清中有无相应的抗体，或用含有已知抗体的特异免疫血清来鉴定未知的微生物。

琼脂扩散沉淀是指抗原抗体在凝胶介质扩散时所发生的一种沉淀现象。抗体与相应的抗原在体外相遇会发生沉淀反应，而如果在含有电解质的琼脂凝胶中相遇时，抗体抗原便呈现出可见的沉淀线。该沉淀线便是抗原抗体的特异性复合物。如果有多组不同抗原抗体存在时，抗体抗原便会在差异扩散过程中，以不同扩散速度依次形成沉淀线，因此广泛地用于抗原成分的分析。琼脂扩散沉淀实验又根据抗原抗体反应的发生方式和特性可以分为单向免疫扩散沉淀、双向免疫扩散沉淀、免疫电泳沉淀、对流免疫电泳沉淀、单向（双向）火箭电泳沉淀实验。

三、实验材料

凝集反应试验：大肠杆菌免疫血清、大肠杆菌琼脂斜面培养物。

琼脂扩散沉淀反应：兔抗马免疫血清、马血清、质量分数为1%的生理盐水琼脂、质量分数为0.85%的生理盐水、载玻片、直径3 mm打孔器、小三角烧瓶、毛细滴管、湿盒。

四、实验步骤

（一）凝集反应试验

1. 细菌载玻片凝集反应试验

实验流程：稀释抗体→将抗体和生理盐水分别滴于载玻片一端→加抗原混匀→静置→观察凝集现象

操作步骤如下。

（1）稀释抗体：用生理盐水稀释大肠杆菌免疫血清，稀释度为1∶2，装于小滴瓶中备用。

（2）加稀释的抗体和生理盐水：在洁净载玻片的一端用滴瓶中的小滴管加1滴1∶2大肠杆菌免疫血清，另一端加1滴生理盐水，分别做好标记。

（3）加抗原：用接种环以无菌操作自大肠杆菌琼脂斜面上挑取少许细菌混入生理盐水内，搅匀。

（4）观察凝集现象：将载玻片略微摆后静置于室温中 1 ~3 min，观察一端有凝集反应出现，即有凝集块或颗粒，液体变得透明，为阳性反应。另一端为生理盐水阴性对照，仍为均匀混匀。

注意事项：操作时，注意勿使液滴干燥，妨碍观察，液滴也不可过大，避免污染手或实验台。

2. 试管定量凝集试验

实验流程：试管标记→梯度稀释、分装血清→加入诊断菌液→振摇混匀、保温→观察凝集现象

（1）试管排管并做标记：准备小试管 8 支，排列于试管架上，标明序号，加入生理盐水 0.5 mL。

（2）稀释待测血清：具体操作如图 12-1 所示。

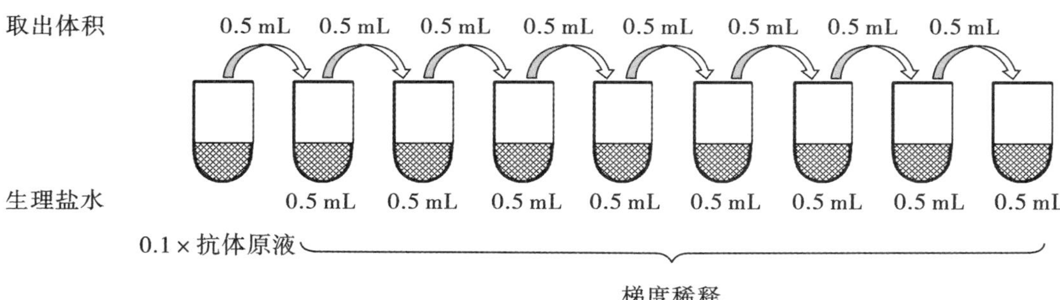

图 12-1　抗体的梯度稀释

（3）加入诊断菌液：将诊断菌液分别加于每一试验管及生理盐水对照管，每管 0.5 mL。此时各排第 1 管至第 7 管的血清因加入等量菌液而又稀释一倍。

（4）血清最后稀释度：1 ∶ 20、1 ∶ 40、1 ∶ 80、1 ∶ 160、1 ∶ 320、1 ∶ 640、1 ∶ 1 280、1 ∶ 2 560。

（5）振摇混匀、保温：将所有试管振摇、混匀后，置 37 ℃温箱或水浴过夜（或 56 ℃下 2 ~4 h）以促进反应。

（6）结果观察：从温箱中轻轻取出试管架，不要摇动试管。从低浓度管（8 号管）开始观察试管内的上清液浊度和管底凝集物，然后再轻摇试管，使凝集块从管底升起。记录清浊、凝块的松软程度、大小、均匀度等性状。

（二）扩散沉淀反应

1. 单向琼脂扩散沉淀反应

实验流程：含抗体琼脂板→稀释待测血清→打孔加样→温育→观察沉淀现象

操作步骤：

（1）含抗体琼脂板的制备：预先制作质量分数为 1% 的生理盐水琼脂，熔化后 56 ℃水浴保温。同时温育抗体至同温，然后倾注于已熔化的质量分数为 1% 的生理盐水琼脂并混匀，倾注至载玻片上，待凝固后即可使用。

（2）待测血清的稀释：将待检血清用生理盐水做 2，4，8，16 倍稀释。

(3)打孔、加样:在凝固后的含抗体琼脂板上打 3 ~4 个孔,孔距 10 mm;将不同倍数稀释的血清加入孔中,每个孔加入等体积的血清,如 10 μL(但不要溢出),加样时毛细滴管尖端不要划破琼脂。

(4)温育:将加样的琼脂板放湿盒中,置 37 ℃温箱,孵育 24 ~48 h。

(5)观察沉淀现象:测量并求出每份检样两孔的沉淀环平均直径。

2. 双向琼脂扩散沉淀反应

实验流程:制备琼脂板→稀释待测免疫血清及待测血清→打孔→加样→扩散、观察

操作步骤:

(1)制备琼脂板:1% 离子琼脂的配制,先称取洗净琼脂或琼脂糖 1 g 加至 50 mL 蒸馏水中,于沸水浴中加热溶解,然后加入 50 mL 0.05 mol/L 巴比妥缓冲液(参考附录四的配制方法配制),再滴 1 滴质量分数为 1% 的硫柳汞溶液做防腐剂,分装试管内,放冰箱备用,将融化的 1% 离子琼脂冷至 50 ℃左右,量取 2 ~2.5 mL,倒在 7.5 cm×2.5 cm 预先洗净、干燥、水平放置的载片上,自载玻片中间缓缓下注,琼脂即自然四周扩散,静置片刻,即凝成厚薄一致的胶层,表面平整而无气泡。

(2)稀释待测血清:兔抗马免疫血清按 1 ∶ 2 或 1 ∶ 4 进行稀释,马血清按 1 ∶ 10、1 ∶ 20、1 ∶ 40、1 ∶ 80 进行稀释。

(3)打孔:用孔径为 3 ~4 mm 的打孔器按图 12-2 所示打孔。孔距为 4 mm,再用注射器 9 号针头挑去孔内琼脂。每块琼脂板打两个方阵型。

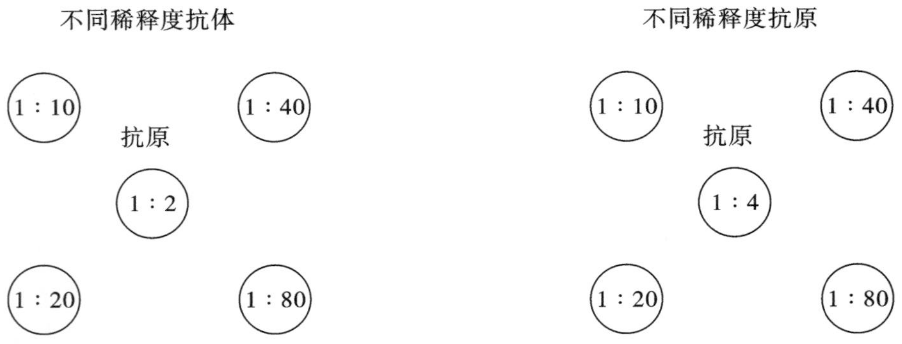

不同稀释度抗体

1 ∶ 10　　1 ∶ 40

抗原

1 ∶ 2

1 ∶ 20　　1 ∶ 80

不同稀释度抗原

1 ∶ 10　　1 ∶ 40

抗原

1 ∶ 4

1 ∶ 20　　1 ∶ 80

图 12-2　琼脂双向扩散实验

(4)加样:在一个方阵型的中间孔中滴加抗体(1 ∶ 2 或 1 ∶ 4),四周孔中滴加不同稀释度的抗原(例如 1 ∶ 10、1 ∶ 20、1 ∶ 40、1 ∶ 80)。另一方阵型的中间孔滴加抗原(适当稀释),四周孔滴加不同稀释度的抗体,每孔加样量均为 10 μL。

(5)扩散、观察:将此琼脂平板放入带盖的搪瓷盘中,下面应垫 3 ~4 层湿纱布,保持一定湿度,并将搪瓷盘放在 37 ℃恒温箱中,18 ~20 h 取出观察结果,如被检血清和抗原相适应,则可在二者扩散接触处出现带状沉淀。

3. 示例

单向扩散试验,抗原在含有抗体的琼脂介质中扩散,经一定时间后即可见抗原孔周围出现由抗原抗体复合物形的沉淀环。沉淀环的直径与抗原浓度成正比。故试验前应

用已知不同浓度标准抗原制成标准曲线(纵坐标为沉淀环直径,横坐标为抗原浓度),可根据沉淀环直径的大小从标准曲线中查出待检样品中抗原的含量(见图 12-3)。

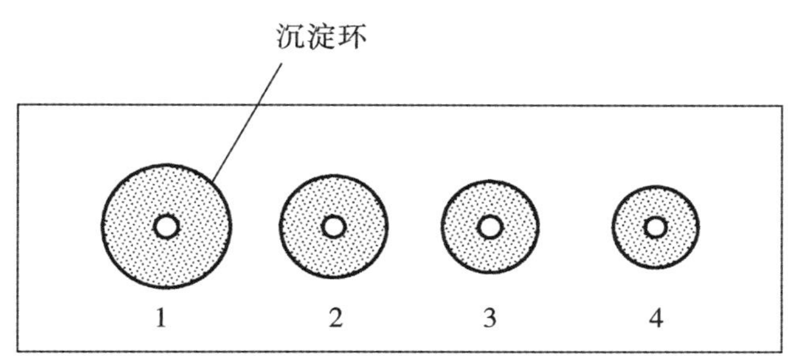

图 12-3　单向扩散试验

五、实验报告

(1)记录载玻片凝集反应试验结果,并记录凝集现象(见表 12-1)。

表 12-1　凝集现象

	大肠杆菌抗体+大肠杆菌	生理盐水+大肠杆菌
绘出凝集现象 阳性(+)或阴性(-)		

(2)记录试管定量凝集试验中各试管清浊、凝块的松软程度、大小、均匀度等性状。

(3)记录双向扩散试验距各抗原最近和最远沉淀线的距离,填于 12-2 表中。

表 12-2　距各抗原最近和最远沉淀线的距离(琼脂平板法)

抗原沉淀线至抗原的距离	不同稀释度的抗原							
	1 : 10		1 : 20		1 : 40		1 : 80	
	最近	最远	最近	最远	最近	最远	最近	最远
适当稀释的抗体								

六、思考题

(1)比较凝集反应与沉淀反应有何异同?

(2)琼脂扩散实验中,沉淀环的直径为什么与抗原浓度成正比?

(3)双向琼脂扩散沉淀反应试验中,抗原或抗体浓度大于相应抗体或抗原时,沉淀线会出现何种现象? 为什么会出现多条沉淀线?

实验十三　细菌 16S rDNA 的分子鉴定

一、实验目的与要求

(1)掌 16S rDNA 作为细菌分类鉴定指标的原因与原理。

(2)掌握菌落 PCR 扩增目的片段的实验技术。

(3)掌握 16S rDNA 基因比对分析与系统发育树构建。

(4)了解原核微生物与真核微生物分子鉴定的差异。

二、实验原理

传统的细菌分类主要依据形态特征及生理生化特性,甚至免疫学特性等进行鉴定的。但是,随着分子遗传学和分子生物学技术的迅速发展,细菌分类学也进入了基因水平鉴定时代。其中,16S rDNA 在漫长的进化过程中相对保守,素有“细菌化石”之称,是进行分类鉴定与测量亲缘关系的良好工具。16S rDNA 是细菌染色体上编码的 16S rRNA 相对应的 DNA 序列,长度约 1 500 bp,其内部结构即含有高度保守的序列区,又有高度变化的序列区。可变区序列因不同细菌而异,保守区序列则基本恒定。因此,可以利用保守区序列设计引物,将 16S rDNA 片段扩增出来,而利用可变区序列的差异来对不同菌属、菌种的细菌进行分类鉴定。

聚合酶反应(polymerase chain reaction,PCR)是在模板 DNA、引物和 4 种脱氧核苷酸同时存在的条件下依赖于 DNA 聚合酶体外扩增 DNA 片段的一种技术。PCR 扩增分三个步骤:① DNA 热变:DNA 经加热处理后由双链变为单链。② 引物退火:当温度降低时,两个引物分别结合到 DNA 的两条链上。③ 引物延伸:在 DNA 聚合酶的催化下,按 5′→3′方向复制互补 DNA。以上三步为一个循环,每一循环的产物可以作为下一个循环的模板,经过 25～40 个循环约数小时后,可以获得大量的目的基因。因此,PCR 能使极其微量的目的基因在短时间内迅速扩增数百万倍。

三、实验材料

培养箱、离心机、PCR 仪、电泳仪、移液枪、凝胶成像系统;大肠杆菌、金黄色葡萄球菌;16S rDNA 通用引物 27F:5′ to 3′:AGAGTTTGATCMTGGCTCAG 与 5′ to 3′:GGTTACCTTGTTACGACTT;DNA 聚合酶 Mighty Amp DNA Polymerase(大连宝生物公司);标准品 DL 2000 DNA Marker;琼脂糖、核酸染料 Goldniew。

四、实验步骤

1. 目标菌培养

大肠杆菌与金黄色葡萄球菌在营养琼脂培养基 37 ℃培养 16～24 h。

2. PCR 扩增体系配制

用灭菌牙签挑起少许平板中的单菌落作为模板,将下列体系配制并装入 PCR 管中。

2×Mighty Amp Buffer Ver. 2	20 μL
Mighty Amp DNA Polymerase(1.25 U/μL)	1.0 μL
Eubac 27F(10 μmol/μL)	1.0 μL
Eubac 1492R(10μmol/μL)	1.0 μL
模板	微量菌体
ddH_2O	17 μL
总体系	40 μL

注:要设置阴性对照管。

3. PCR 扩增条件

预变性	98 ℃	2 min	40 个循环
变性	98 ℃	10 s	
退火	55 ℃	15 s	
延伸	68 ℃	90 s	
保温	10 ℃	10 min	

4. 菌株 16S rRNA PCR 产物检测

称取 0.17 g 琼脂糖加入 17 mL 电泳缓冲液(1×TAE)中,微波加热约 1 min 观察小颗粒至完全溶解即可。待琼脂糖凝胶液冷却至 65 ℃左右,加入 1 μL 的核酸染料 GoldView 摇匀。然后倒入电泳槽,待琼脂糖凝胶凝固后,拔出梳子放入 1×TAE 的电泳液。

取 PCR 扩增产物 5 μL 与上样缓冲液 6×Buffer 1 μL 混合,用移液枪加样于琼脂糖凝胶点样孔中进行电泳,同时取 5 μL DL2000 做对照。电压为 80～90 V,电泳 30 min,紫外灯下观察 PCR 是否为目标片段。

5. 16S rRNA 序列测定及系统发育树构建

将扩增成功的 PCR 产物寄送生工生物工程(上海)股份有限公司进行测序。测序结果采用 NCBI-BLAST 软件在 GenBank 数据库中或 Eztaxon 数据库进行同源性检索,下载相似性高的相关菌株的模式菌株序列,采用 BioEdit 软件进行多序列比对,应用MEGA5.0 构建 16S rRNA 系统发育树。

GenBank 数据库网址http://www.ncbi.nlm.nih.gov/;

Eztaxon 数据库网址http://www.ezbiocloud.net/eztaxon。

五、实验报告

(1)详细报告实验过程,提供 16S rDNA PCR 产物电泳图。

(2)提供比对结果截图。

(3)提供系统发育树。

六、思考题

(1)该实验菌体总 DNA 释放原理?

(2)PCR 反应中设置阴性对照管的意义是什么?

(3)16S rDNA 作为细菌分类鉴定指标的原因是什么?

(4)PCR 扩增的原理是什么? PCR 扩增有哪些技术?

实验十四 微生物菌种的保藏

一、实验目的

(1)了解菌种保藏的基本原理和意义。

(2)掌握几种常用的微生物菌种保藏方法。

二、实验原理

微生物的特性之一是容易变异,因此要保证出发菌株性状不发生改变非常重要。在食品安全方面要保证标准菌株的稳定性,在发酵工业中需保证生产菌种的良好性能,如何利用优良的微生物菌种保藏技术,使菌种经长期保藏后不但存活,而且性能不发生改变,保证高产突变株不改变表型和基因型,这对于菌种极为重要。

微生物菌种保藏技术很多,但原理基本一致,即采用低温、干燥、缺氧和缺乏营养等方法,挑选优良纯种,最好是它们的休眠体,使微生物生长在代谢不活泼,生长受抑制的环境中。常采用斜面低温保藏、液状石蜡保藏、沙土管保藏、甘油管保藏和真空冷冻干燥保藏等方法。

三、实验材料

(1)菌种:待保藏的细菌、放线菌、酵母菌和霉菌。

(2)培养基:营养琼脂培养基、LB 液体培养基、高氏 1 号培养基、马铃薯培养基、麦芽汁酵母膏培养基。

(3)溶液或试剂:液状石蜡、甘油、五氧化二磷、河沙、瘦黄土或红土、95%(体积分数)乙醇、10%(质量分数)盐酸、无水氯化钠、食盐、干冰。

(4)仪器和其他用具:无菌吸管、无菌滴管、无菌培养皿、无菌离心管、安瓿管、冻干管、60 目与 100 目筛子、干燥器、真空泵、真空压力表、喷灯、冰箱等。

四、实验步骤

1. 斜面低温保藏法

(1)贴标签:将注有菌种名称和日期的标签贴于试管斜面的正上方。

(2)接种:将待保藏的不同菌种接种至适宜的斜面培养基上,如细菌接种于营养琼脂斜面培养基,放线菌接种于高氏 1 号培养基。

(3)培养:将接种后的培养基放入培养箱中,在适宜的条件下培养至细胞稳定期或得到成熟孢子。细菌置于 37 ℃培养箱中培养 1 ~2 d,放线菌置于 28 ℃培养箱中培养5 ~7 d,酵母菌置于 25 ~28 ℃培养箱中培养 2 ~3 d,霉菌置于 28 ℃培养箱中培养 3 ~5 d。

(4)保藏:培养好的菌种用封口膜或其他材料把试管口密封好,装入盒子或密封袋,置于 4 ℃冰箱中保存,保藏期为 3 ~6 月。到期后需再活化培养和再保藏。

2. 液状石蜡保藏法

(1)无菌液状石蜡的准备:选用优质化学纯液状石蜡,将液状石蜡装入到 250 mL 三角瓶中,每瓶装入50 mL,塞上硅胶塞,用牛皮纸包好。于121 ℃湿热灭菌30 min后,置于105～110 ℃烘箱中干燥1～2 h,以去除液状石蜡中的水分,经无菌检查后备用。

(2)斜面培养物的制备:参照斜面保藏法。

(3)加液状石蜡:用无菌吸管吸取无菌液状石蜡,注入培养好的新鲜斜面培养物上,液面高出斜面顶部1 cm左右,使菌体与空气隔绝。

(4)保藏:注入液状石蜡的菌种斜面密封管口,以直立状态置于4 ℃冰箱中保存,保藏时间为1～2年。

3. 沙土管保藏法

(1)沙土管制备:将河沙用60目过筛,弃去大颗粒及杂质,再用80目过筛,去掉细沙。用吸铁石吸去铁质,放入容器中用10%(质量分数)盐酸浸泡,如河沙中有机物较多可用20%(质量分数)盐酸浸泡。24 h后倒去盐酸,用水洗泡数次至中性,将沙子烘干或晒干。另取地面下40～60 cm非耕作层贫瘠且黏性较小的土,研碎,100目过筛,水洗至中性,烘干。将处理后的沙、土按3∶1质量比混合。混匀的沙土分装入安瓿管或小试管中,高度为1 cm左右,塞好棉塞,121 ℃湿热灭菌30 min。随机抽取灭菌后的砂土管若干支,无菌条件下取少许砂土至营养肉汁培养基中,30 ℃培养24 h,检查无微生物生长后方可使用。

(2)制备菌悬液:将待保藏的菌种接种于适宜的斜面培养基上,在适宜的温度下培养,得到丰富的孢子。向培养好的斜面培养物中注入2～3 mL无菌水,洗下孢子制成菌悬液。

(3)加样与干燥:用无菌吸管吸取菌悬液,均匀滴入沙土管中,每管滴入0.2～0.5 mL,以管内的沙土全部润湿为宜,塞上棉塞,振荡混匀后,置于预先放有五氧化二磷或无水氯化钙的干燥器内。将干燥器连接真空泵连续抽气3～4 h,以沙土呈分散状态为准。

(4)保藏:将沙土管用火焰熔封后置于4 ℃冰箱或室温干燥器中保藏,每隔一定时间抽检。保藏时间2～10年。

4. 甘油管保藏法

(1)无菌甘油的制备:将甘油装入到250 mL三角瓶中,每瓶装入50 mL,塞上硅胶塞,用牛皮纸包好。于121 ℃湿热灭菌20 min,经检查无菌后备用。

(2)制备培养液:将待保藏的细菌接种于LB液体培养基中,于37 ℃、150 r/min振荡培养12 h。培养结束后,取少许培养液进行镜检,确认无杂菌后即可用于下一步的甘油管制作。

(3)甘油管的制备:用无菌吸管吸取0.85 mL的培养液,置入一只1.5 mL的无菌离心管或保存管中,再加入0.15 mL无菌甘油,封口,震荡混匀。

(4)保藏:制备好的甘油管可放入到-20 ℃或-70 ℃冰箱保藏。

5. 真空冷冻干燥保藏法

(1)安瓿管准备:安瓿管材料以中性玻璃为宜。清洗安瓿管时,先用2%(质量分数)盐酸浸泡过夜,自来水冲洗干净后,用蒸馏水浸泡至pH值中性,干燥,将写好菌名和接种日期的标签放入安瓿管,加上棉塞包上牛皮纸,121 ℃下高压灭菌30 min,备用。

(2)保护剂的选择和准备:保护剂种类要根据微生物类别选择。配制保护剂时,应注意其浓度及 pH 值,以及灭菌方法。如血清,可用过滤灭菌;牛奶要先脱脂,在 3 000 r/min 离心 15 min 去除上层油脂(如用脱脂奶粉,可配成 20% 浓度)。121 ℃灭菌 20 ~30 min。

(3)菌悬液的制备:在培养好的试管斜面培养物中加入 2 ~3 mL 保护剂(一般为 10% 的脱脂乳),洗下细胞或孢子,制备成 10^8 ~10^{10} CFU/mL 的菌悬液。若液体培养,则将培养好的液体培养物进行离心收集细胞或孢子,然后与等量的保护剂混合,制备成菌悬液。

(4)分装安瓿管:用无菌长滴管将菌悬液滴入安瓿管底部,注意不要溅污上部管壁,每管分装量约 0.1 ~0.2 mL,并用棉花塞于安瓿管末端。

(5)预冻:预冻的温度范围为-35 ~ -45 ℃,若温度高于-25 ℃,则冻结不结实,影响升华干燥。一般采用-35 ℃预冻 1 h。

(6)冷冻干燥:采用冷冻干燥机进行冷冻干燥。将冷冻后的样品安瓿管置于冷冻干燥机的干燥箱内,开始冷冻干燥,时间一般为 8 ~20 h。

(7)真空封口及保藏:将安瓿管颈部用强火焰拉细,然后采用真空泵抽真空,在真空条件下将安瓿管颈部加热熔封。熔封后的安瓿管应置于 5 ℃冰箱中避光保藏。

五、实验报告

列表说明以上 5 种常用方法的保藏原理,适合保藏微生物的类型、保藏温度和保藏时间,并比较各自优缺点。

六、思考题

(1)微生物菌种保藏的原理是什么?

(2)实验室中最常用哪一种简便方法保藏细菌?

Food 第二篇　食品微生物安全综合检验

食品微生物安全检验是食品微生物学的一个重要内容，本篇安排了生活饮用水微生物指标的检验，水产品中的菌落总数和大肠菌群数的检测，以及罐头食品的商业无菌检验，主要参考食品安全国家标准食品微生物学检验的相关内容编写而成。常用的其他检验项目名称和标准号如下：大肠埃希氏菌计数（GB 4789.38—2012），粪大肠菌群计数（GB 4789.39—2013），沙门氏菌检验（GB 4789.4—2010），金黄色葡萄球菌检验（GB 4789.10—2010），副溶血性弧菌检验（GB 4789.7—2013），大肠埃希氏菌 O157:H7/NM 检验（GB/T 4789.36—2008），单核细胞增生李斯特氏菌检验（GB 4789.30—2010），霉菌和酵母计数（GB 4789.15—2016）等。

实验十五　生活饮用水微生物指标的检验

一、实验目的和要求

（1）了解生活饮用水微生物检验指标。

（2）学习饮用水微生物平板菌落计数法的原理与操作。

（3）学习饮用水中的总大肠菌群计数法。

二、实验原理

生活饮用水为供人生活的饮水和生活用水。生活饮用水水质卫生要求有常规指标和非常规指标。常规指标为能反映生活饮用水水质基本状况的水质指标。非常规指标为根据地区、时间或特殊情况需要实施的生活饮用水水质指标。

生活饮用水水质常规指标和限值主要包括微生物指标、毒理指标、感官性状和一般化学指标、放射性指标。

水质的微生物指标有 4 个，分别为菌落总数、总大肠菌群、耐热大肠菌群、大肠埃希氏菌。在这里主要学习菌落总数、总大肠菌群指标的检验方法。

菌落总数是水样在营养琼脂上有氧条件下 37 ℃培养 48 h 后，所得 1 mL 水样所含菌落的总数。检测水中菌落总数是评价水质状况的重要指标之一。菌落数量越多，则水中有机质含量越大，微生物污染越严重。我国规定生活饮用水质菌落总数不得超过 100 CFU/mL。

一般认为在天然水体中，细菌菌落总数 10 ~ 100 CFU/mL 为极清洁的水；10^2 ~ 10^3 CFU/mL为清洁的水；10^3 ~ 10^4 CFU/mL 为不太清洁的水；10^4 ~ 10^5 CFU/mL 为极不清洁的水。

总大肠菌群数指一群在 37 ℃培养 24 h 能发酵乳糖产酸、产气、需氧和兼性厌氧的革兰氏阴性无芽孢杆菌。该群菌体普遍存在于肠道中，且具有数量多，与多数肠道病原菌存活期相近，易于培养和观察等特点。通常可根据水质中大肠菌群的数目来判断水源是否被粪便所污染，并可间接推测水源受肠道病原菌污染的可能性，一般作为粪便污染指标。我国规定生活饮用水质总大肠菌群数 MPN/100mL 或 CFU/100mL 不得检出。

总大肠菌群的检测方法可包括有多管发酵法、滤膜法和酶底物法 3 种。多管发酵法被称为水质的标准分析法，即将一定量的样品接种乳糖发酵管，根据发酵反应的结果，确证大肠菌群的阳性管数后在检索表中查出大肠菌群的近似值。滤膜法是一种快速的替代方法，能测定大体积的水样，目前在一些大城市的水厂常采用此法。本实验学习多管发酵法和滤膜法。

耐热大肠菌群、大肠埃希氏菌也是粪便污染指标菌，而且针对性更强些，限值跟总大肠菌群相同，都是 MPN/100mL 或 CFU/100mL 不得检出。

该实验内容依据的标准：生活饮用水卫生标准（GB 5749—2006），生活饮用水标准检验方法（GB/T 5750.12—2006）微生物指标。

三、实验材料

（1）待测样品：自来水及其他水源水。

（2）培养基与试剂：营养琼脂、乳糖蛋白胨液、双料乳糖蛋白胨液、伊红美蓝培养基、革兰氏染色液、品红亚硫酸钠培养基等。

四、实验步骤

（一）采样

（1）自来水：先将水龙头打开，放水 3 ~ 5 min，关闭水龙头，用酒精棉球擦拭，火焰灼烧灭菌，再开龙头 1 ~ 2 min 后，用无菌空瓶取水样约 350 mL。

（2）水源水：水源水即池水、湖水或河水等，将无菌瓶放入水中 20 ~ 30 cm 处，取下瓶盖取样。盖好后移出水面，采样立即检验，不得超过 4 h。

（二）水质中菌落总数测定

（1）自来水：以无菌操作方法用灭菌吸管分别吸取 1 mL 充分混匀的水样，注入两个无菌培养皿中。每个培养皿各加 13 ~ 15 mL 已熔化并冷却到 45 ℃左右的营养琼脂培养基，并立即轻轻旋转摇匀，使培养基与水样充分混匀，同时另用一个平皿只倾注营养琼脂培养基做空白对照。

待冷却凝固后，翻转平皿，将平板倒置于 36 ℃ ±1 ℃培养箱内培养 48 h，进行菌落计数，即为 1 mL 水样的菌落总数。

（2）水源水：稀释水样，稀释倍数视水样污浊程度而定，使水样培养后每个平板中的菌落数在 30 ~ 300 的稀释度最为合适。例如：取湖水稀释成 10^{-1}，10^{-2}，10^{-3}，每个稀释度做两个培养皿，并依上法倾入培养基制成平板，培养，计数。

（3）菌落计数及报告方法：见实验十六中的菌落计数法。

(三)水质中总大肠菌群

1. 多管发酵法

(1)乳糖发酵试验

①取 10 mL 水样接种到 10 mL 双料乳糖蛋白胨培养液中,取 1 mL 水样接种到 10 mL 单料乳糖蛋白胨培养液中,另取 1 mL 水样注入 9 mL 灭菌生理盐水中,混匀后吸取 1 mL(即 0.1 mL 水样)注入 10 mL 单料乳糖蛋白胨培养液中,每一稀释度接种 5 管。

对已处理过的出厂自来水,需经常检验或每天检验一次的,可直接接种 5 份 10 mL 水样双料培养基,每份接种 10 mL 水样。

②检验水源水时,如污染较严重,应加大稀释度,可接种 1 mL、0.1 mL、0.01 mL 甚至 0.1 mL、0.01 mL、0.001 mL,每个稀释度接种 5 管,每个水样共接种 15 管。接种 1 mL 以下水样时,必须做 10 倍递增稀释后,取 1 mL 接种。

③将接种管置 36 ℃±1 ℃培养箱内培养 24 h±2 h,如所有乳糖蛋白胨培养管都不产气产酸,则可报告为总大肠菌群阴性,如有产酸产气者,则按(2)分离培养步骤进行。

(2)分离培养:将产酸产气的发酵管分别转种在伊红美蓝琼脂平板上,于 36 ℃±1 ℃培养箱内培养 18~24 h 观察菌落形态,挑取符合下列特征的菌落做革兰氏染色、镜检和证实实验。

深紫黑色、具有金属光泽的菌落。

紫黑色、不带或略带金属光泽的菌落。

淡紫红色、中心色较深的菌落。

(3)证实试验:经上述染色镜检为革兰氏阴性无芽孢杆菌,同时接种乳糖蛋白胨培养液,置 36 ℃±1 ℃培养箱中培养 24 h±2 h,有产酸产气者,即证实有总大肠菌群存在。

(4)结果报告:根据证实为总大肠菌群阳性的管数,查 MPN(most probable number,最可能数)检索表,报告每 100 mL 水样中的总大肠菌群最可能数(MPN)值。5 管法结果见表 15-1,15 管法结果见表 15-2,稀释样品查表后所得结果应乘稀释倍数。如所有乳糖发酵管均阴性时,可报告总大肠菌群未检出。

表 15-1 用 5 份 10 mL 水样时各种阳性和阴性结果组合时的最可能数(MPN)

5 个 10 mL 管中阳性管数	最可能数(MPN)
0	<2.2
1	2.2
2	5.1
3	9.2
4	16.0
5	>16

表 15-2　总大肠菌群 MPN 检索表

（总接种量 55.5mL，其中 5 份 10 mL 水样，5 份 1 mL 水样，5 份 0.1 mL 水样）

接种量/mL			总大肠菌群/(MPN/100mL)	接种量/mL			总大肠菌群/(MPN/100mL)
10	1	0.1		10	1	0.1	
0	0	0	<2	1	0	0	2
0	0	1	2	1	0	1	4
0	0	2	4	1	0	2	6
0	0	3	5	1	0	3	8
0	0	4	7	1	0	4	10
0	0	5	9	1	0	5	12
0	1	0	2	1	1	0	4
0	1	1	4	1	1	1	6
0	1	2	6	1	1	2	8
0	1	3	7	1	1	3	10
0	1	4	9	1	1	4	12
0	1	5	11	1	1	5	14
0	2	0	4	1	2	0	6
0	2	1	6	1	2	1	8
0	2	2	7	1	2	2	10
0	2	3	9	1	2	3	12
0	2	4	11	1	2	4	15
0	2	5	13	1	2	5	17
0	3	0	6	1	3	0	8
0	3	1	7	1	3	1	10
0	3	2	9	1	3	2	12
0	3	3	11	1	3	3	15
0	3	4	13	1	3	4	17
0	3	5	15	1	3	5	19
0	4	0	8	1	4	0	11
0	4	1	9	1	4	1	13
0	4	2	11	1	4	2	15
0	4	3	13	1	4	3	17
0	4	4	15	1	4	4	19

续表 15-2 总大肠菌群 MPN 检索表

（总接种量 55.5mL，其中 5 份 10 mL 水样，5 份 1 mL 水样，5 份 0.1 mL 水样）

接种量/mL			总大肠菌群/(MPN/100mL)	接种量/mL			总大肠菌群/(MPN/100mL)
10	1	0.1		10	1	0.1	
0	4	5	17	1	4	5	22
0	5	0	9	1	5	0	13
0	5	1	11	1	5	1	15
0	5	2	13	1	5	2	17
0	5	3	15	1	5	3	19
0	5	4	17	1	5	4	22
0	5	5	19	1	5	5	24
2	0	0	5	3	0	0	8
2	0	1	7	3	0	1	11
2	0	2	9	3	0	2	13
2	0	3	12	3	0	3	16
2	0	4	14	3	0	4	20
2	0	5	16	3	0	5	23
2	1	0	7	3	1	0	11
2	1	1	9	3	1	1	14
2	1	2	12	3	1	2	17
2	1	3	14	3	1	3	20
2	1	4	17	3	1	4	23
2	1	5	19	3	1	5	27
2	2	0	9	3	2	0	14
2	2	1	12	3	2	1	17
2	2	2	14	3	2	2	20
2	2	3	17	3	2	3	24
2	2	4	19	3	2	4	27
2	2	5	22	3	2	5	31
2	3	0	12	3	3	0	17
2	3	1	14	3	3	1	21
2	3	2	17	3	3	2	24
2	3	3	20	3	3	3	28

续表 15-2　总大肠菌群 MPN 检索表

（总接种量 55.5mL,其中 5 份 10 mL 水样,5 份 1 mL 水样,5 份 0.1 mL 水样）

接种量/mL			总大肠菌群/(MPN/100mL)	接种量/mL			总大肠菌群/(MPN/100mL)
10	1	0.1		10	1	0.1	
2	3	4	22	3	3	4	32
2	3	5	25	3	3	5	36
2	4	0	15	3	4	0	21
2	4	1	17	3	4	1	24
2	4	2	20	3	4	2	28
2	4	3	23	3	4	3	32
2	4	4	25	3	4	4	36
2	4	5	28	3	4	5	40
2	5	0	17	3	5	0	25
2	5	1	20	3	5	1	29
2	5	2	23	3	5	2	32
2	5	3	26	3	5	3	37
2	5	4	29	3	5	4	41
2	5	5	32	3	5	5	45
4	0	0	13	5	0	0	23
4	0	1	17	5	0	1	31
4	0	2	21	5	0	2	43
4	0	3	25	5	0	3	58
4	0	4	30	5	0	4	76
4	0	5	36	5	0	5	95
4	1	0	17	5	1	0	33
4	1	1	21	5	1	1	46
4	1	2	26	5	1	2	63
4	1	3	31	5	1	3	84
4	1	4	36	5	1	4	110
4	1	5	42	5	1	5	130
4	2	0	22	5	2	0	49
4	2	1	26	5	2	1	70
4	2	2	32	5	2	2	94

续表 15-2 总大肠菌群 MPN 检索表

（总接种量 55.5mL，其中 5 份 10 mL 水样，5 份 1 mL 水样，5 份 0.1 mL 水样）

接种量/mL			总大肠菌群/(MPN/100mL)	接种量/mL			总大肠菌群/(MPN/100mL)
10	1	0.1		10	1	0.1	
4	2	3	38	5	2	3	120
4	2	4	44	5	2	4	150
4	2	5	50	5	2	5	180
4	3	0	27	5	3	0	79
4	3	1	33	5	3	1	110
4	3	2	39	5	3	2	140
4	3	3	45	5	3	3	180
4	3	4	52	5	3	4	210
4	3	5	59	5	3	5	250
4	4	0	34	5	4	0	130
4	4	1	40	5	4	1	170
4	4	2	47	5	4	2	220
4	4	3	54	5	4	3	280
4	4	4	62	5	4	4	350
4	4	5	69	5	4	5	430
4	5	0	41	5	5	0	240
4	5	1	48	5	5	1	350
4	5	2	56	5	5	2	540
4	5	3	64	5	5	3	920
4	5	4	72	5	5	4	1600
4	5	5	81	5	5	5	>1600

2. 滤膜法

（1）适用范围：本标准规定了用滤膜法测定生活饮用水及其水源水中的总大肠菌群。本法适用于生活饮用水及其水源水中总大肠菌群的测定。

总大肠菌群滤膜法是指用孔径为 0.45 μm 的微孔滤膜过滤水样，将滤膜贴在添加乳糖的选择性培养基上 37 ℃培养 24 h，能形成特征性菌落的需氧和兼性厌氧的革兰氏阴性无芽孢杆菌以检测水中总大肠菌群的方法。

（2）检验步骤

1）准备工作

①滤膜灭菌：将滤膜放入烧杯中，加入蒸馏水，置于沸水浴煮沸灭菌3次，每次15 min。前两次煮沸后需更换水洗涤2～3次，以除去残留溶剂。

②滤器灭菌：用点燃的酒精棉球火焰灭菌，也可用蒸汽灭菌器103.43 kPa（121 ℃）高压灭菌20 min。

2）过滤水样：用无菌镊子夹取灭菌滤膜边缘部分，将粗糙面向上，贴放在已灭菌的滤床上，固定好滤器，将100 mL水样（如水样含菌数较多，可减少过滤水样量，或将水样稀释）注入滤器中，打开滤器阀门，在-5.07×10^{4} Pa（-0.5大气压）抽滤。

3）培养：水样滤完后，再抽气约5 s，关上滤器阀门，取下滤器，用灭菌镊子夹取滤膜边缘部分，移放在品红亚硫酸钠培养基上，滤膜截留细菌面朝上，滤膜应与培养基完全贴紧，两者间不得留有气泡，然后将平皿倒置，放入37 ℃恒温箱内培养24 h±2 h。

4）结果观察与报告：挑取符合下列特征菌落进行革兰氏染色、镜检：

紫红色、具有金属光泽的菌落；

深红色、不带或略带金属光泽的菌落；

淡红色、中心色较深的菌落。

凡革兰氏染色为阴性的无芽孢杆菌，再接种乳糖蛋白胨培养液，于37 ℃培养24 h，有产酸产气者，则判定为总大肠菌群阳性。

按式（15-1）计算滤膜上生长的总大肠菌群数，以每100 mL水样中的总大肠菌群数（CFU/100 mL）报告。

$$\text{总大肠菌群菌落数}=\frac{\text{数出的总大肠菌群菌落数}\times100}{\text{过滤的水样体积}} \tag{15-1}$$

五、实验报告

（1）将各水样测定平板中细菌菌落的计数结果记录在表15-3、表15-4中，并按菌落计数方法计算结果。

表15-3　自来水样检测结果

平板	菌落数	细菌菌落总数/（CFU/mL）
1		
2		

表15-4　水源水检测结果

稀释度	10^{-1}		10^{-2}		10^{-3}	
平板	1	2	1	2	1	2
菌落数						
菌落总数/（CFU/mL或CFU/g）						

(2)自来水、水源水样品经多管发酵法的初发酵和证实试验结果填入表 15-5、表 15-6中,并查表得出大肠菌群数。

表 15-5 用 5 份 10 mL 水样时的最可能数(MPN)

5 个 10 mL 管中初发酵阳性管数	证实阳性管数	最可能数(MPN)

表 15-6 总大肠菌群 MPN

初发酵阳性管数(接种量/mL)			证实阳性管数(接种量/mL)			总大肠菌群/(MPN/100mL)
10	1	0.1	10	1	0.1	

总接种量 55.5mL,其中 5 份 10 mL 水样,5 份 1 mL 水样,5 份 0.1 mL 水样

(3)描述所做的伊红美蓝平板上大肠菌群的典型菌落特征。

(4)绘出大肠菌群的革兰氏染色个体形态图,并标明染色结果。

(5)描述滤膜法在品红亚硫酸钠培养基上的大肠菌群的典型菌落特征,并记录滤膜是的大肠菌群数,计算并报告总大肠菌群数(CFU/100 mL)

六、思考题

(1)通过对自来水样品中细菌总数的测定,判断是否符合国家饮用水的卫生标准?

(2)何为大肠菌群?检查饮用水中的大肠菌群有何意义?比较本实验中两种检测方法的优缺点。

(3)大肠菌群在 EMB 培养基上的典型菌落特征是什么?

(4)你检测的自来水样品是否符合饮用标准?

实验十六　水产品中菌落总数和大肠菌群的检验

一、实验目的

（1）认识不同水产品的微生物检验项目和指标，了解水产品的卫生状况。

（2）通过对细菌总数和大肠菌群数全过程的检验，使学生熟悉食品中微生物检验的程序。

二、实验原理

微生物检验主要是检测食品中被污染的微生物数量及是否会有致病细菌，以便对食品进行安全评价，确保消费者的健康。水产品的微生物检验，从鲜度及品质控制的需要进行菌落总数和大肠菌群或大肠杆菌的测定。水产品的致病微生物检验项目要根据样品的来源、加工状态、食用方式及受检季节加以选择。鲜活海产品，在夏秋季节要加强副溶血性弧菌的检验；水产制品，应进行沙门氏菌、金色葡萄球菌等的检验，有时还需检验单增李斯特菌；淡水鱼贝类应注意沙门氏菌的检验；鱼糜制品除了沙门氏菌和金黄色葡萄球菌的检验外，对原料来源的蜡样芽孢杆菌也应予检验；对鱼肉香肠制品还应考虑进行肉毒梭菌检验。

目前，国外对我国出口冷冻水产品除要求测定菌落总数、大肠菌群外，主要检验沙门氏菌、金黄色葡萄球菌、副溶血性弧菌等。严格进行微生物检验，对提高食品或水产品的安全质量，保证人体健康、维护我国的政治信誉和经济利益，促进对外贸易的发展都有重要意义。

对于一般的非罐藏食品，反映其安全质量的微生物学指标主要有细菌菌落总数、大肠菌群数和致病菌三项。

菌落总数：食品检样经过处理，在一定条件下（如培养基、培养温度和培养时间等）培养后，所得每 g（mL）检样中形成的微生物菌落总数。菌落总数作为判断所检测样品的食品卫生状况，它反映了食品被污染的程度和是否腐败变质的情况。

大肠菌群：在一定培养条件下能发酵乳糖、产酸产气的需氧和兼性厌氧革兰氏阴性无芽孢杆菌。大肠菌群数的检验有大肠菌群 MPN 计数法和平板计数法，分别指食品检样中含有的大肠菌群最近似数 MPN/g（mL）和菌落数 CFU/g（mL）。检测食品中的大肠菌群数可作为判断样品是否被人、畜粪便污染及污染程度的标志。

不同的食品其微生物指标要求是不同的。本实验主要学习菌落总数和大肠菌群数的检验，主要依据的标准为《食品微生物学检验 菌落总数测定（GB 4789.2—2010）》、《食品微生物学检验 大肠菌群计数（GB 4789.3—2010）》，其他微生物检验指标请参阅相关标准。

三、实验材料

（1）样品：鱼丸、虾丸、蟹丸、鲜贝、生蚝等。学生可以自带检测样品。

（2）仪器：高压蒸汽灭菌锅、电热恒温干燥箱、电热恒温培养箱、超净工作台、光学显微镜、组织捣碎匀浆机、菌落计数器、无菌三角瓶（含玻珠）、无菌培养皿、无菌试管、移液管等。

(3)培养基与试剂:平板计数琼脂培养基(Plate Count Agar,PCA)、月桂基硫酸盐胰蛋白胨(Lauryl Sulfate Tryptose,LST)、煌绿乳糖胆盐(Brilliant Green Lactose Bile,BGLB)等。

四、实验步骤

(一)培养基的配制

平板计数琼脂培养基(PCA);月桂基硫酸盐胰蛋白胨(LST)肉汤;煌绿乳糖胆盐(BGLB)肉汤。

(二)菌落总数的测定方法

菌落总数的检验程序见图16-1。

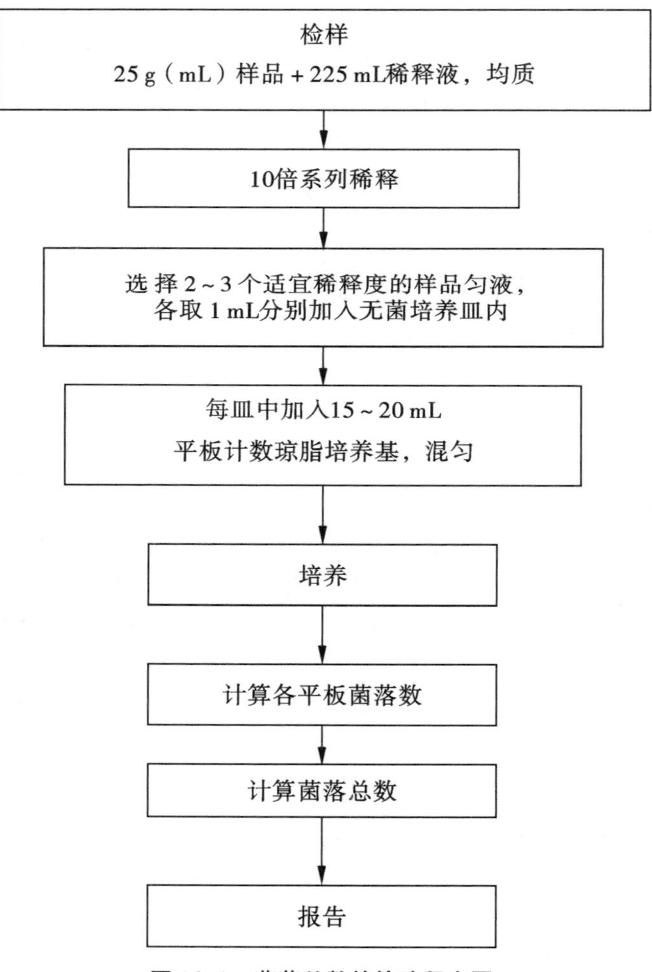

图16-1 菌落总数的检验程序图

1.样品稀释及培养

(1)称取25 g样品置盛有225 mL磷酸盐缓冲液或生理盐水的无菌均质杯内,

8 000～10 000 r/min 均质 1～2 min，或放入盛有 225 mL 稀释液的无菌均质袋中，用拍击式均质器拍打 1～2 min，制成 1∶10 的样品匀液。

（2）用 1 mL 无菌吸管或微量移液器吸取 1∶10 样品匀液 1 mL，沿管壁缓慢注于盛有 9 mL 稀释液的无菌试管中（注意吸管或吸头尖端不要触及稀释液面），振摇试管或换用 1 支无菌吸管反复吹打使其混合均匀，制成 1∶100 的样品匀液。

（3）按（2）操作程序，制备 10 倍系列稀释样品匀液，每递增稀释一次，换用一次 1 mL 无菌吸管或吸头。

（4）根据对样品污染状况的估计，选择 2～3 个适宜稀释度的样品匀液（液体样品可包括原液），在进行 10 倍递增稀释时，每个稀释度分别吸取 1 mL 样品匀液加入两个无菌平皿内。同时，分别取 1 mL 稀释液加入两个无菌平皿做空白对照。

（5）及时将 15～20 mL 冷却至 46 ℃平板计数琼脂培养基（可放置于 46 ℃±1 ℃恒温水浴箱中保温）倾注入平皿，并转动平皿使混合均匀。

（6）待琼脂凝固后，将平板翻转，置 36 ℃±1 ℃温箱内培养 48 h±2 h。水产品 30 ℃±1 ℃培养 72 h±3 h。如果样品中可能含有在琼脂培养基表面弥漫生长的菌落时，可在凝固后的琼脂表面覆盖一薄层琼脂培养基（约 4 mL），凝固后翻转平板，同前面条件进行培养。

2. 菌落计数

可用肉眼观察，必要时用放大镜或菌落计数器，记录稀释倍数和相应的菌落数量。菌落计数以菌落形成单位（colony-forming units，CFU）表示。

（1）选取菌落数在 30～300 CFU、无蔓延菌落生长的平板计数菌落总数。低于 30 CFU 的平板记录具体的菌落数，大于 300 CFU 的可记录为多不可计。每个稀释度的菌落数应采用两个平板的平均数。

（2）其中一个平板有较大片状菌落生长时，则不宜采用，而应以无片状菌落生长的平板为该稀释度的菌落数；若片状菌落不到平板的一半，而其余一半中菌落分布又很均匀，即可计算半个平板后乘以 2，代表一个平板菌落数。

（3）当平板上出现菌落间无明显界限的链状生长时，则将每条单链作为一个菌落计数。

3. 菌数总数的结果与报告

（1）菌落总数的计算方法

①若只有一个稀释度平板上的菌落数在适宜计数范围内，计算两个平板菌落数的平均值，再将平均值乘以相应稀释倍数，作为每 g（mL）样品中菌落总数结果。

②若有两个连续稀释度的平板菌落数在适宜计数范围内时，按式（16-1）计算：

$$N = \sum C/(n_1 + 0.1n_2)d \tag{16-1}$$

式中：

N——样品中菌落数；

$\sum C$——平板（含适宜范围菌落数的平板）菌落数之和；

n_1——第一稀释度（低稀释倍数）平板个数；

n_2——第二稀释度（高稀释倍数）平板个数；

d——稀释因子（第一稀释度）。

示例：

稀释度	1∶100（第一稀释度）	1∶1000（第二稀释度）
菌落数（CFU）	232,244	33,35

$$N = \sum C/(n_1 + 0.1n_2)d = \frac{232 + 244 + 33 + 35}{[2 + (0.1 \times 2)] \times 10^{-2}} = \frac{544}{0.022} = 24727$$

上述数据修约后，表示为25000或2.5×10^4。

③若所有稀释度的平板上菌落数均大于300 CFU，则对稀释度最高的平板进行计数，其他平板可记录为多不可计，结果按平均菌落数乘以最高稀释倍数计算。

④若所有稀释度的平板菌落数均小于30 CFU，则应按稀释度最低的平均菌落数乘以稀释倍数计算。

⑤若所有稀释度（包括液体样品原液）平板均无菌落生长，则以小于1乘以最低稀释倍数计算。

⑥若所有稀释度的平板菌落数均不在30～300 CFU，其中一部分小于30 CFU或大于300 CFU时，则以最接近30 CFU或300 CFU的平均菌落数乘以稀释倍数计算。

（2）菌落总数的报告

①菌落数小于100 CFU时，按"四舍五入"原则修约，以整数报告。

②菌落数大于或等于100 CFU时，第3位数字采用"四舍五入"原则修约后，取前2位数字，后面用0代替位数；也可用10的指数形式来表示，按"四舍五入"原则修约后，采用两位有效数字。

③若所有平板上为蔓延菌落而无法计数，则报告菌落蔓延；若空白对照上有菌落生长，则此次检测结果无效。

④称重取样以CFU/g为单位报告，体积取样以CFU/mL为单位报告。

（三）大肠菌群数的检验——第一法 大肠菌群MPN计数法

1. 检验程序

大肠菌群MPN计数的检验程序如图16-2所示。

2. 操作步骤

（1）样品的稀释

①固体和半固体样品：称取25 g样品置盛有225 mL磷酸盐缓冲液或生理盐水的无菌均质杯内，8 000～10 000 r/min均质1～2 min，或放入盛有225 mL稀释液或生理盐水的无菌均质袋中，用拍击式均质器拍打1～2 min，制成1∶10的样品匀液。

②液体样品：以无菌吸管吸取25 mL样品置盛有225 mL磷酸盐缓冲液或生理盐水的无菌锥形瓶（瓶内预置适当数量的无菌玻璃珠）中，充分混匀，制成1∶10的样品匀液。

③样品匀液的pH值应在6.5～7.5，必要时分别用1 mol/L NaOH溶液或1 mol/L盐酸调节。

④用1 mL无菌吸管或微量移液器吸取1∶10样品匀液1 mL，沿管壁缓缓注入9 mL磷酸盐缓冲液或生理盐水的无菌试管中（注意吸管或吸头尖端不要触及稀释液面），振摇试管或换用一支1 mL无菌吸管反复吹打，使其混合均匀，制成1∶100的样品匀液。

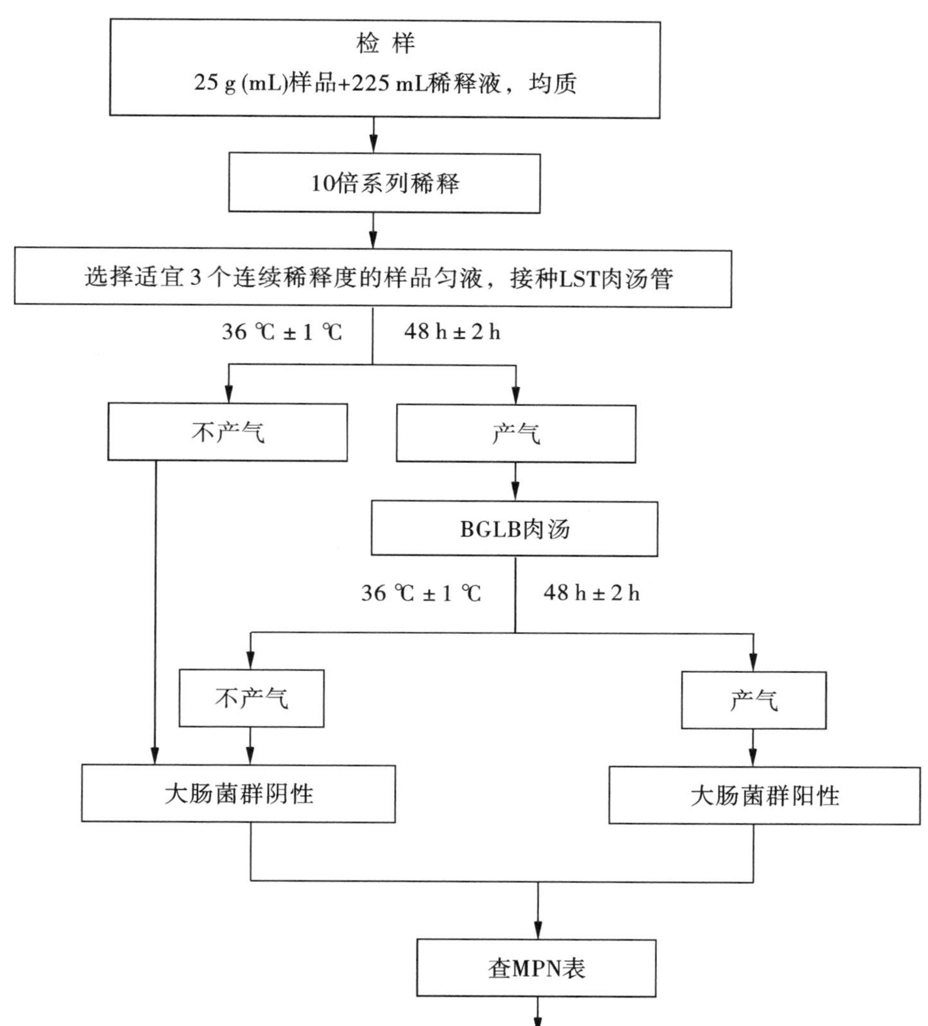

图 16-2　**大肠菌群 MPN 计数法检验程序**

⑤根据对样品污染状况的估计，按上述操作，依次制成十倍递增系列稀释样品匀液。每递增稀释 1 次，换用一支 1 mL 无菌吸管或吸头。从制备样品匀液至样品接种完毕，全过程不得超过 15 min。

(2)初发酵试验：每个样品，选择 3 个适宜的连续稀释度的样品匀液（液体样品可以选择原液），每个稀释度接种 3 管月桂基硫酸盐胰蛋白胨（LST）肉汤，每管接种 1 mL（如接种量超过 1 mL，则用双料 LST 肉汤），36 ℃±1 ℃培养 24 h±2 h，观察倒管内是否有气泡产生，24 h±2 h 产气者进行复发酵试验，如未产气则继续培养至 48 h±2 h 产气者则进行复发酵试验，未产气者为大肠菌群阴性。

(3)复发酵试验：用接种环从产气的 LST 肉汤管中分别取培养物 1 环，移种于煌绿乳糖胆盐(BGLB)肉汤管中,36 ℃±1 ℃培养48 h±2 h,观察产气情况。产气者,计为大肠菌群阳性管。

(4)大肠菌群最可能数(MPN)的报告:按(3)确证的大肠菌群 LST 阳性管数,检索 MPN 表(见附录),报告每 g(mL)样品中大肠菌群的 MPN 值。

(四)大肠菌群数的检验——第二法 大肠菌群平板计数法

1. 检验程序

大肠菌群平板计数法的检验程序见图 16-3。

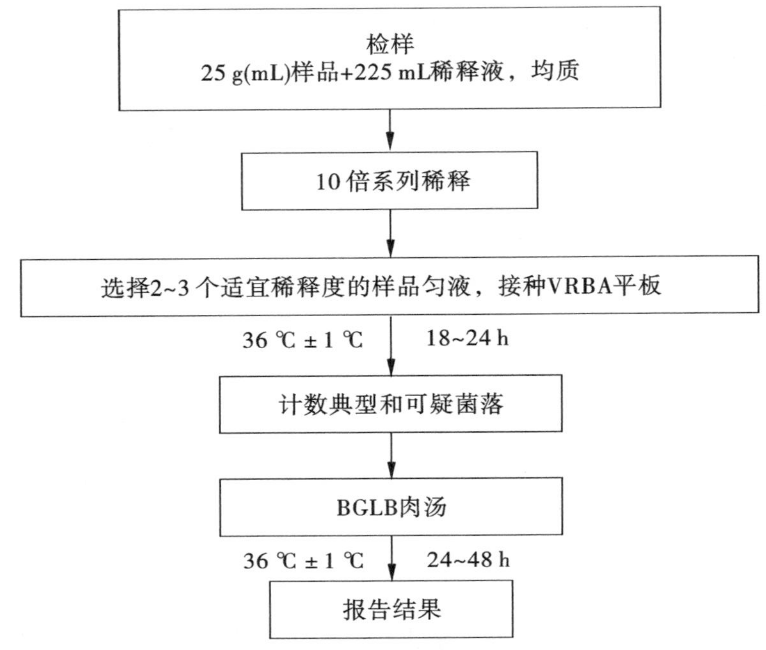

图 16-3 大肠菌群平板计数法的检验程序

2. 操作步骤

(1)样品的稀释:按 MPN 法进行。

(2)平板计数

①选取 2 ~3 个适宜的连续稀释度，每个稀释度接种 2 个无菌平皿,每皿 1 mL。同时取 1 mL 生理盐水加入无菌平皿做空白对照。

②及时将 15 ~20 mL 冷至 46 ℃的结晶紫中性红胆盐琼脂(VRBA)约倾注于每个平皿中。小心旋转平皿,将培养基与样液充分混匀,待琼脂凝固后,再加 3 ~4 mL VRBA 覆盖平板表层。翻转平板,置于 36 ℃±1 ℃培养 18 ~24 h。

(3)平板菌落数的选择:选取菌落数在 15 ~150 CFU 的平板,分别计数平板上出现的典型和可疑大肠菌群菌落。典型菌落为紫红色,菌落周围有红色的胆盐沉淀环,菌落直径为 0.5 mm 或更大。

(4)证实试验:从 VRBA 平板上挑取 10 个不同类型的典型和可疑菌落,分别移种于 BGLB 肉汤管内,36 ℃±1 ℃培养 24 ~48 h,观察产气情况。凡 BGLB 肉汤管产气,即可报告为大肠菌群阳性。

(5)大肠菌群平板计数的报告:经最后证实为大肠菌群阳性的试管比例乘以(3)中计数的平板菌落数,再乘以稀释倍数,即为每 g(mL)样品中大肠菌群数。

例:10^{-4}样品稀释液 1 mL,在 VRBA 平板上有 100 个典型和可疑菌落,挑取其中 10 个接种 BGLB 肉汤管,证实有 6 个阳性管,则

该样品的大肠菌群数为:

$$100\times\frac{6}{10}\times10^4/\text{g(mL)}=6.0\times10^5\ \text{CFU/g(mL)}$$

五、实验报告

(1)将你实验中测定的细菌菌落总数的操作步骤用简图表示。

(2)将实验结果填入表 16-1,并根据数据情况计算菌落总数。

表 16-1　食品样品检测结果

稀释度	10^{-1}		10^{-2}		10^{-3}	
平板	1	2	1	2	1	2
菌落数						
菌落总数的计算 CFU/mL 或 CFU/g						

(3)将你所测定食品中大肠菌群最可能数(MPN)的操作步骤用简图表示,所测得结果填入表 16-2 中,并写成实验报告,报告每 g(mL)样品中大肠菌群最可能数(MPN 值)。

表 16-2　食品中大肠菌群最可能数检测结果

稀释度	初发酵试验 阳性(+)	复发酵试验 阳性(+)	大肠菌群 (MPN)
10^{-1}	(　)管	(　)管	
10^{-2}	(　)管	(　)管	
10^{-3}	(　)管	(　)管	

(4)对照国家安全标准,对所检样品的菌落总数和大肠菌群数做出是否符合安全要求的结论。

六、思考题

(1)什么是菌落总数? 菌落总数的测定有什么意义?

(2)何谓大肠菌群? 它主要包括哪些细菌属?

(3)大肠菌群中的细菌种类一般并非病原菌,为什么要选大肠菌群作为食品被污染的指标?

(4)菌落总数是如何计数的？其单位及表达方式如何？

(5)煌绿乳糖胆盐(BGLB)肉汤中,煌绿、乳糖、胆盐分别起什么作用？

(6)通过大肠菌群数的测定,试评述你所检测液态食品、固态和半固态食品的安全状况。

附　录

每 g(mL)检样中大肠菌群最可能数(MPN)检索见表 16-3。

表 16-3　大肠菌群最可能数(MPN)检索表

阳性管数			MPN	95% 可信限		阳性管数			MPN	95% 可信限	
0.10	0.01	0.001		下限	上限	0.10	0.01	0.001		下限	上限
0	0	0	< 3.0	—	9.5	2	2	0	21	4.5	42
0	0	1	3.0	0.15	9.6	2	2	1	28	8.7	94
0	1	0	3.0	0.15	11	2	2	2	35	8.7	94
0	1	1	6.1	1.2	18	2	3	0	29	8.7	94
0	2	0	6.2	1.2	18	2	3	1	36	8.7	94
0	3	0	9.4	3.6	38	3	0	0	23	4.6	94
1	0	0	3.6	0.17	18	3	0	1	38	8.7	110
1	0	1	7.2	1.3	18	3	0	2	64	17	180
1	0	2	11	3.6	38	3	1	0	43	9	180
1	1	0	7.4	1.3	20	3	1	1	75	17	200
1	1	1	11	3.6	38	3	1	2	120	37	420
1	2	0	11	3.6	42	3	1	3	160	40	420
1	2	1	15	4.5	42	3	2	0	93	18	420
1	3	0	16	4.5	42	3	2	1	150	37	420
2	0	0	9.2	1.4	38	3	2	2	210	40	430
2	0	1	14	3.6	42	3	2	3	290	90	1000
2	0	2	20	4.5	42	3	3	0	240	42	1000
2	1	0	15	3.7	42	3	3	1	460	90	2000
2	1	1	20	4.5	42	3	3	2	1100	180	4100
2	1	2	27	8.7	94	3	3	3	> 1100	420	—

注 1:本表采用 3 个稀释度[0.1 g(或 0.1 mL)、0.01 g (或 0.01 mL)和 0.001 g (或 0.001 mL)],每个稀释度接种 3 管。

注 2:表内所列检样量如改用 1 g(或 1 mL)、0.1 g (或 0.1 mL)和 0.01 g (或 0.01 mL)时,表内数字应相应降低 10 倍;如改用 0.01 g (或 0.01 mL)、0.001 g (或 0.001 mL)和 0.0001 g (或 0.0001 mL)时,表内数字应相应增高 10 倍,其余类推

实验十七　罐藏食品的商业无菌检验

一、实验目的

(1)掌握食品商业无菌检验的基本要求、操作程序和结果判定。

(2)了解罐藏食品腐败的主要因素及常见的有关微生物。

二、实验原理

罐藏食品虽然经过杀菌处理,但有可能杀菌不足或杀菌后罐头密封不良而遭受来自外界微生物的污染。罐头食品中污染或残留的微生物能否引起罐头食品变质以及变质的特性如何,是由多种因素所决定,其中食品的 pH 值是一个重要因素。食品原料中的 pH 值不同,装入罐头进行杀菌时所采用的温度和时间则不同,因而引起罐头食品变质的微生物种类也不同。正因为如此,许多国家都按照 pH 值的高低对罐头食品进行了分类。一般分为低酸性罐头食品(pH 值 4.6 以上)和酸性罐头食品(pH 值 4.6 以下)两类。

对于病原微生物,低酸性食品若内容物受到污染,在一定条件下就有可能得到生长,有的细菌(如肉毒菌)甚至产生毒素。而酸性罐头食品若被污染,即使染污了肉毒梭菌、荚膜梭菌、蜡样芽孢杆菌、致病性球菌或肠道致病菌,都是不能生长和存活的,因此,对酸性罐头食品不用进行病原菌检验。

对于腐败性微生物则不然,不管是酸性还是低酸性罐头食品,若受到污染,在一定条件下都有可能得到生长而引起罐头食品变质,只是内容物的 pH 值不同,引起变质的微生物种类有所不同。

罐头通常不是依靠防腐剂来维持其安全性的,而是依靠足够的加热处理达到商业无菌的要求,但并非完全灭菌。如果片面追求无菌要求,则强热过程会破坏罐头食品的色、香、味,甚至破坏到商品罐头的营养价值,所以在生产中通常采用商业性灭菌。

罐头食品的商业无菌:是指罐头食品经适度的热杀菌后,不含致病性微生物,也不含常温下能在其中繁殖的非致病性微生物的状态。

胖听是指由于罐头内微生物活动或化学作用产生气体,形成正压,使一端或两端外凸的现象。

泄漏是指罐头密封结构有缺陷,或由于撞击而破坏密封,或罐壁腐蚀而穿孔致使微生物侵入的现象。

实验方法主要依据“GB 4789.26—2013 食品安全国家标准-食品微生物学检验-商业无菌检验”。内容主要包含两个部分:一是商业无菌检验,二是变质原因分析。

三、实验材料

(1)超净工作台、恒温箱、电子天平、显微镜、接种环、罐头打孔器等、试管、吸管、培养皿、镊子、白色搪瓷盘。

(2)革兰氏染色液、疱肉培养基、溴甲酚紫葡萄糖肉汤、酸性肉汤、麦芽浸膏汤、肝小牛肉琼脂、营养琼脂、沙氏葡萄糖琼脂等。

四、实验步骤

商业无菌检验程序如图 17-1 所示。

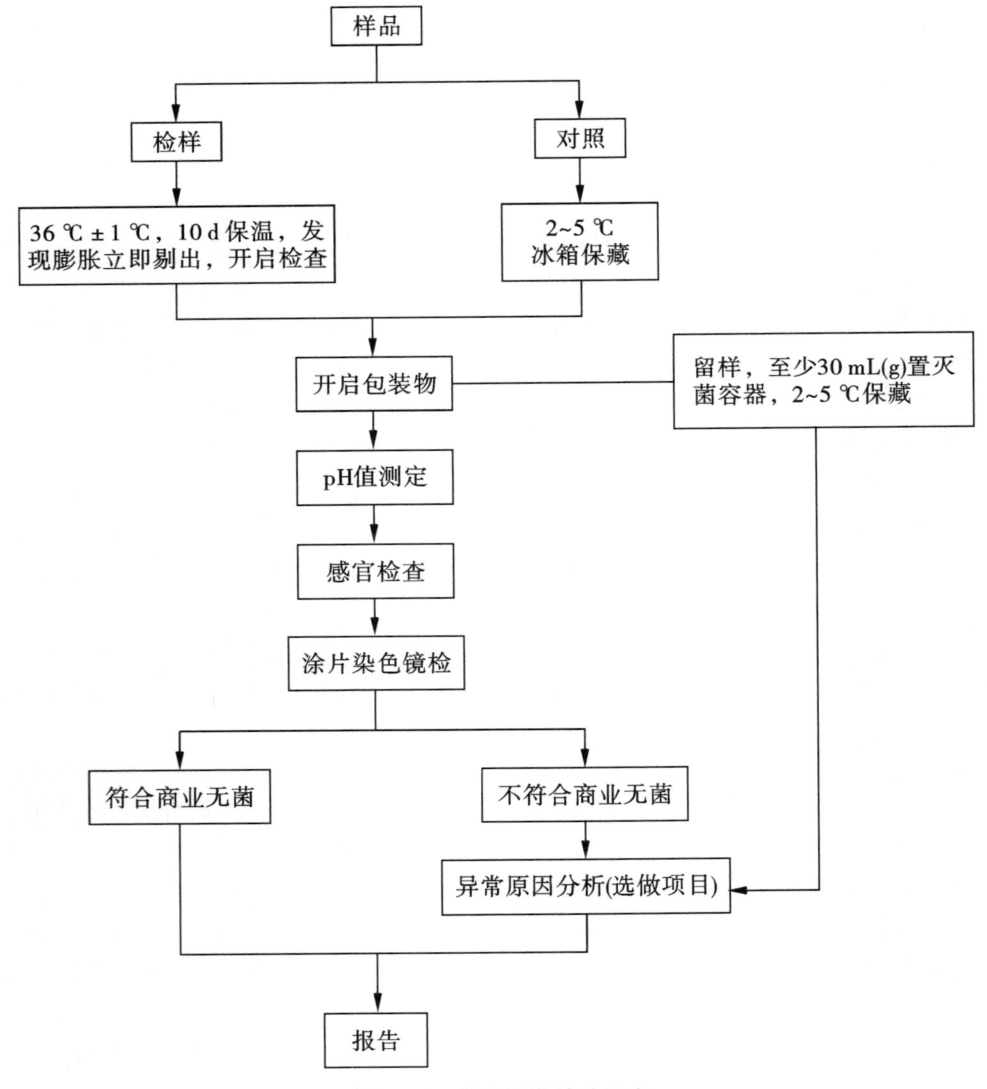

图 17-1 商业无菌检验程序

(一) 商业无菌检验步骤

1. 样品准备与处理

被检样品若 1 kg 及以下的包装物精确到 1 g，1 kg 以上的包装物精确到 2 g，10 kg 以上的包装物精确到 10 g。被检样品每个批次取 1 个样品置 2 ~ 5 ℃冰箱保存做对照，其余样品 36 ℃±1 ℃下保温 10 d。保温结束时，再次称重，比较保温前后样品重量有无变化。每天检查，如有膨胀或泄漏现象等异常现象，立即取出，开启检查。

表面清洗干净,用含 4% 碘的乙醇溶液浸泡消毒光滑面 15 min 后用无菌毛巾擦干,在密闭罩内点燃至表面残余的碘乙醇溶液全部燃烧完。若膨胀样品以及采用易燃包装材料包装的样品不能灼烧。用无菌开罐器在消毒后的罐头光滑面开启一个适当大小的口,进行无菌取样。

注:开罐后,无菌取样品至少 30 mL(g)移入灭菌容器内,保存 2 ~5 ℃冰箱中,待该批样品得出检验结论后可弃去。

2. 感官检查

在光线充足、空气清洁无异味的检验室中,将样品倾入白色搪瓷盘内,对其组织、形态、色泽和气味等进行观察和嗅闻,按压食品检查产品性状,鉴别食品有无腐败变质的迹象,同时观察包装容器内部和外部的情况,并记录。

3. pH 值测定

取样测定 pH 值,与同批中冷藏保存对照样品相比,若 pH 值相差 0.5 及以上判为显著差异。详测方法参见国标。

4. 涂片与染色镜检

带汤汁的样品可用接种环挑取汤汁涂于载玻片上,固态食品可直接涂片或用少量灭菌生理盐水稀释后涂片,待干后火焰固定。若油脂食品涂片自然干燥并火焰固定后,用二甲苯流洗,自然干燥。

涂好的片用结晶紫染色液进行单染色,干燥后镜检,至少观察 5 个视野,记录菌体的形态特征以及每个视野的菌数。与同批冷藏保存对照样品相比,判断是否有明显的微生物增殖现象。菌数有百倍或百倍以上的增长则判为明显增殖。

5. 结果判定

样品经保温试验未出现泄漏:保温后开启,经感官检验、pH 值测定、涂片镜检,确证无微生物增殖现象,则可报告该样品为商业无菌。

样品经保温试验出现泄漏:保温后开启,经感官检验、pH 值测定、涂片镜检,确证有微生物增殖现象,则可报告该样品为非商业无菌。

(二)异常原因分析检验步骤

若需核查样品出现膨胀、pH 或感官异常、微生物增殖等原因,可取样品内容物的留样按照附录表 17-1 与表 17-2 进行接种培养并报告。

1. 低酸性罐藏食品接种培养(pH>4.6)

(1)对低酸性罐藏食品,每份样品接种 4 管预先加热到 100 ℃并迅速冷却到室温的庖肉培养基内;同时接种 4 管溴甲酚紫葡萄糖肉汤。若为液体样品,每管接种 1 ~2 mL,若为固体样品每管接种 1 ~2 g,若两者皆有时,应各取一半,培养条件见表 17-1。

(2)经过表 17-1 规定的培养条件培养后,记录每管有无微生物生长。如果没有微生物生长,则记录后弃去。

(3)如果有微生物生长,以接种环蘸取液体涂片,革兰氏染色镜检。如在溴甲酚紫葡萄糖肉汤管中观察到不同的微生物形态或单一的球菌、真菌形态,则记录并弃去。在庖肉培养基中未发现杆菌,培养物内含有球菌、酵母、霉菌或其混合物,则记录并弃去。将溴甲酚紫葡萄糖肉汤和庖肉培养基中出现生长的其他各阳性管分别划线接种 2 块肝小牛肉琼脂或营养琼脂平板,一块平板做需氧培养,另一块平板做厌氧培养。培养程序见图 17-2。

表 17-1 低酸性罐藏食品(pH>4.6)接种培养基、管数和培养条件

培养基	管数	培养条件/ ℃	时间/h
疱肉培养基	2	36±1	96～120
疱肉培养基	2	55±1	24～72
溴甲酚紫葡萄糖肉汤(带倒管)	2	55±1	24～48
溴甲酚紫葡萄糖肉汤(带倒管)	2	36±1	96～120

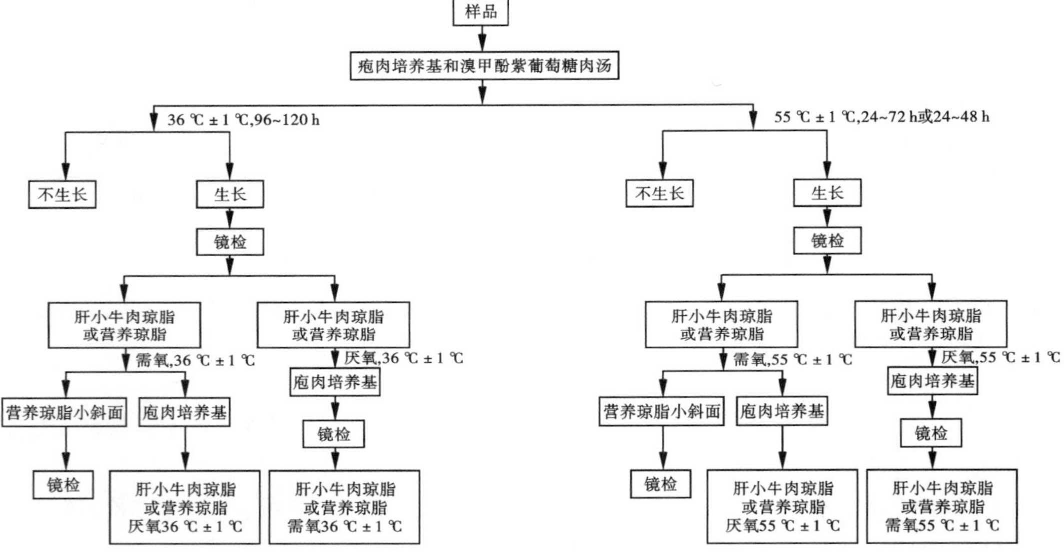

图 17-2 低酸性罐藏食品接种培养程度

(4)挑取需氧培养中单个菌落,接种于营养琼脂小斜面,用于后续的革兰氏染色镜检;挑取厌氧培养中的单个菌落涂片,革兰氏染色镜检。挑取需氧和厌氧培养中的单个菌落,接种于庖肉培养基,进行纯培养。

(5)挑取营养琼脂小斜面和厌氧培养的庖肉培养基中的培养物涂片镜检。

(6)挑取纯培养中的需氧培养物接种肝小牛肉琼脂或营养琼脂平板,进行厌氧培养;挑取纯培养中的厌氧培养物接种肝小牛肉琼脂或营养琼脂平板,进行需氧培养。以鉴别是否为兼性厌氧菌。

(7)如果需检测梭状芽孢杆菌的肉毒毒素,挑取典型菌落接种庖肉培养基做纯培养。36 ℃培养 5 d,按照 GB/T 4789.12 进行肉毒毒素检验。

2. 酸性罐藏食品的接种培养(pH≤4.6)

(1)每份样品接种 4 管酸性肉汤和 2 管麦芽浸膏汤。接种量若为液体样品,每管接种 1～2 mL,若为固体样品每管接种 1～2 g,若两者皆有时,应各取一半,培养条件见表 17-2。

表 17-2　酸性罐藏食品(pH≤4.6)接种培养基、管数和培养条件

培养基	管数	培养条件/ ℃	时间/h
酸性肉汤	2	55±1	48
酸性肉汤	2	30±1	96
麦芽浸膏汤	2	30±1	96

(2)经过表 17-2 中规定的培养条件培养后,记录每管有无微生物生长。如果没有微生物生长,则记录后弃去。

(3)对有微生物生长的培养管,取培养后的内容物直接涂片,革兰氏染色镜检,记录观察到的微生物。

(4)如果在 30 ℃培养条件下,酸性肉汤或麦芽浸膏汤中有微生物生长,将各阳性管分别接种 2 块营养琼脂或沙氏葡萄糖琼脂平板,一块做需氧培养,另一块做厌氧培养。

(5)如果在 55 ℃培养条件下,酸性肉汤中有微生物生长,将各阳性管分别接种 2 块营养琼脂平板,一块做需氧培养,另一块做厌氧培养。对有微生物生长的平板进行染色涂片镜检,并报告镜检所见微生物型别,培养程序见图 17-3。

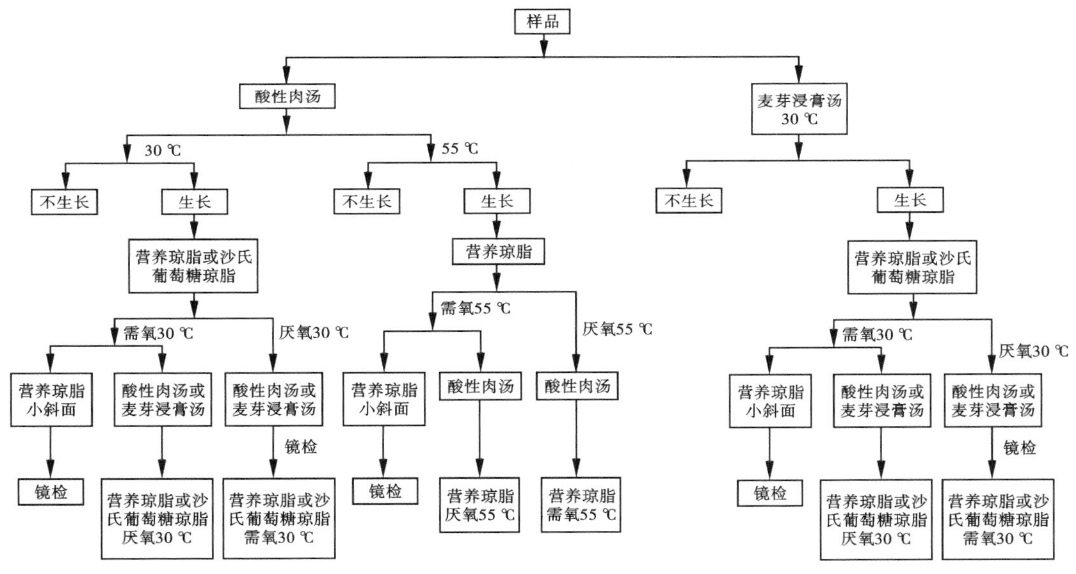

图 17-3　酸性罐藏食品接种培养程序

(6)挑取 30 ℃需氧培养的营养琼脂或沙氏葡萄糖琼脂平板中的单个菌落,接种营养琼脂小斜面,用于后续的革兰氏染色镜检。同时接种酸性肉汤或麦芽浸膏汤进行纯培养。

挑取 30 ℃厌氧培养的营养琼脂或沙氏葡萄糖琼脂平板中的单个菌落,接种酸性肉汤或麦芽浸膏汤进行纯培养。

挑取 55 ℃需氧培养的营养琼脂平板中的单个菌落,接种营养琼脂小斜面,用于后续的革兰氏染色镜检。同时接种酸性肉汤进行纯培养。

挑取55 ℃厌氧培养的营养琼脂平板中的单个菌落,接种酸性肉汤进行纯培养。

(7)挑取营养琼脂小斜面中的培养物涂片镜检。挑取30 ℃厌氧培养的酸性肉汤或麦芽浸膏汤培养物和55 ℃厌氧培养的酸性肉汤培养物涂片镜检。

(8)将30 ℃需氧培养的纯培养物接种于营养琼脂或沙氏葡萄糖琼脂平板中进行厌氧培养,将30 ℃厌氧培养的纯培养物接种于营养琼脂或沙氏葡萄糖琼脂平板中进行需氧培养,将55 ℃需氧培养的纯培养物接种于营养琼脂中进行厌氧培养,将55 ℃厌氧培养的纯培养物接种于营养琼脂中进行需氧培养,以鉴别是否为兼性厌氧菌。

3. 结果分析

(1)如果在膨胀的样品里没有发现微生物的生长,膨胀可能是由于内容物和包装发生反应产生氢气造成的。产生氢气的量随储存的时间长短和存储条件而变化。填装过满也可能导致轻微的膨胀,可以通过称重来确定是否由于填装过满所致。

在直接涂片中看到有大量细菌的混合菌相,但是经培养后不生长,表明杀菌前发生的腐败。由于密闭包装前细菌生长的结果,导致产品的 pH 值、气味和组织形态呈现异常。

(2)包装容器密封性良好时,在36 ℃培养条件下若只有芽孢杆菌生长,且它们的耐热性不高于肉毒梭菌(*Clostridium botulinum*),则表明生产过程中杀菌不足。

(3)培养出现杆菌和球菌、真菌的混合菌落,表明包装容器发生泄漏。也有可能是杀菌不足所致,但在这种情况下同批产品的膨胀率将很高。

(4)在36 ℃或55 ℃溴甲酚紫葡萄糖肉汤培养观察产酸产气情况,如有产酸,表明是有嗜中温微生物(如嗜温耐酸芽孢杆菌)或者嗜热微生物(如嗜热脂肪芽孢杆菌)(*Bacillus stearothermoilus*)生长。

在55 ℃的庖肉培养基上有细菌生长并产气,发出腐烂气味,表明样品腐败是由嗜热的厌氧梭菌所致。

在36 ℃的庖肉培养基上生长并产生带腐烂气味的气体,镜检可见芽孢,表明腐败可能是由肉毒梭菌、生孢梭菌(*C. sporogenes*)或产气荚膜梭菌(*C. perfringens*)引起的。有需要可以进一步进行肉毒毒素检测。

(5)酸性罐藏食品的变质通常是由于无芽孢的乳杆菌和酵母所致。

一般 pH 值低于4.6的情况下不会发生由芽孢杆菌引起的变质,但变质的番茄酱或番茄汁罐头并不出现膨胀,但有腐臭味,伴有或不伴有 pH 值降低,一般是由于需氧的芽孢杆菌所致。

(6)许多罐藏食品中含有嗜热菌,在正常的储存条件下不生长,但当产品暴露于较高的温度(50 ~55 ℃)时,嗜热菌就会生长并引起腐败。嗜热耐酸的芽孢杆菌和嗜热脂肪芽孢杆菌分别在酸性和低酸性的食品中引起腐败且不出现包装容器膨胀。在55 ℃培养不会引起包装容器外观的改变,但会产生臭味,伴有或不伴有 pH 值的降低。番茄、梨、无花果和菠萝等类罐头的腐败变质有时是由于巴斯德梭菌(*C. pasteurianum*)引起。嗜热解糖梭状芽孢杆菌(*C. thermosaccharolyticum*)就是一种嗜热厌氧菌,能够引起膨胀和产品的腐烂气味。

嗜热厌氧菌也能产气,由于在细菌开始生长之后迅速增殖,可能混淆膨胀是由于氢气引起的还是嗜热厌氧菌产气引起的。化学物质分解将产生二氧化碳，尤其是集中发生在含糖和一些酸的食品如番茄酱、糖蜜、甜馅和高糖的水果罐头中。这种分解速度随着温度上升而加快。

（7）灭菌的真空包装和正常的产品直接涂片，分离出任何微生物应该怀疑是实验室污染。为了证实是否是实验室污染，在无菌的条件下接种该分离出的活的微生物到另一个正常的对照样品，密封，在 36 ℃培养 14 d。如果发生膨胀或产品变质，这些微生物就可能不是来自于原始样品。如果样品仍然是平坦的，无菌操作打开样品包装并按上述步骤做再次培养；如果同一种微生物被再次发现并且产品是正常的，认为该产品商业无菌，因为这种微生物在正常的保存和运送过程中不生长。

（8）如果食品本身发生混浊，肉汤培养可能得不出确定性结论，这种情况需进一步培养以确定是否有微生物生长。

五、实验报告

（1）详细记录检验项目的现象与结果，报告被检样品的 pH 值、感官状态。

（2）根据实验结果，报告被检样品是否为商业无菌。

（3）若有杂菌污染，请从形态学水平进行污染菌的鉴定。

六、思考题

（1）被检样品在检验前，为什么要先进行保温处理？

（2）被检样品在检验前，为什么要先测定样品的 pH 值？

（3）若 36 ℃或 55 ℃溴甲酚紫葡萄糖肉汤培养观察到产酸产气，请分析可能会存在哪些菌？

（4）若 55 ℃的庖肉培养基上有细菌生长并产气，发出腐烂气味，有可能是哪种类型菌所致？若 36 ℃的庖肉培养基上生长并产生带腐烂气味的气体，可能是哪些微生物所致？

Food 第三篇　微生物发酵食品设计性实验

设计性实验主要包括与人们日常生活密切相关的几种发酵食品，包含有细菌、酵母菌和霉菌的利用。本篇安排有乳酸菌发酵酸奶的制备、利用枯草芽孢杆菌制备糖化酶实验、活性干酵母发酵力的测定及果酒酿造、利用米曲霉制备黄豆酱及利用毛霉制作豆腐乳等5个实验，供学生选择和自行设计实验方案。通过设计性实验训练同学运用微生物相关基本实验技术的能力，同时也系统训练同学从查找资料、方案设计到实施整个过程自主完成的能力。

实验十八　乳酸菌发酵酸奶的制备

一、实验目的

(1)掌握利用乳酸菌发酵酸奶的制备方法。

(2)通过设计单一菌株与混合菌株来发酵酸奶实验，了解微生物之间的互生效果。

(3)了解影响乳酸菌在牛奶中生长的因素。

二、实验原理

查找发酵酸奶的乳酸菌种类及其生物学基本特性，明确酸奶发酵的原理及乳酸菌总数测定方法，并对发酵过程中易出现的异常现象进行预测，并写在实验方案中。

三、实验材料

基础材料：保加利亚乳杆菌(*Lactobacillus bulgaricus*)、嗜热链球菌(*Streptococcus thermophilus*)及其两者混合的菌制剂、纯牛奶、白糖等由实验室提供。

辅料及容器：学生可根据自己设计的酸奶类型提出并准备辅料，并与实验老师沟通，容器为玻璃瓶或不锈钢瓶。

四、实验设计要求

(1)明确发酵用的乳酸菌。

(2)明确混合菌种的比例。

(3)明确白糖的添加量、牛奶与配料接种前的灭菌方式及条件。

(4)确定接种量、发酵的温度及终点。

(5)明确后发酵的温度、时间。

(6)明确酸奶质量评定的指标及方法。

(7)测定酸奶产品的乳酸菌总数。

五、结果要求

(1)观察酸奶发酵过程中的外观变化,详细记录并拍照。

(2)描述酸奶的感官评定结果,并报告乳酸菌总数。

(3)与酸奶的国标进行比较判断。

要求:由老师提前三个星期布置给学生,实验前一周学生与老师讨论并确定实验方案。

六、思考题

(1)酸奶发酵时如何选择菌种?通常是选择单一乳酸菌还是两种以上的菌种?为什么?

(2)分析酸奶发酵菌种与产品风味之间的相关性?

(3)牛奶发酵后为什么会产生黏稠的组织状态?

实验十九　利用枯草芽孢杆菌制备糖化酶

一、实验目的

(1)掌握枯草芽孢杆菌在糖化酶制备过程中的作用。

(2)掌握糖化酶酶活测定方法。

(3)掌握芽孢杆菌制备糖化酶的方法影响酶活力的主要因素。

二、实验原理

查找枯草芽孢杆菌的生物学基本特性及产酶特性,固态发酵的原理和要求,糖化酶活性测定的原理,并写在实验报告上。

三、实验材料

基础材料:麸皮、稻壳、纱布、浅盘。

其他材料:学生根据自己设计提出,并与实验老师沟通。

四、实验设计要求

(一)种曲培养

1. 枯草芽孢杆种子液的制备

选用的培养基,采用的培养条件,种子液要达到的浓度,自己查阅资料确定。

2. 固体种曲培养基的配置与灭菌

固体种曲培养基的配方,及对固态种曲培养基采用的灭菌参数,自己查阅资料确定。

3. 将种子液接入到三角瓶种曲培养基

液体种子的接种量,自己查阅资料确定。

4. 种曲的发酵

发酵过程温度的控制,发酵时间,如何评价种曲的质量,自己查阅资料确定。

(二)浅盘固态发酵

1. 固态发酵培养基的制备与灭菌

固体发酵培养基的配方,及对固态发酵培养基采用的灭菌参数,自己查阅资料确定。

2. 接种曲

灭菌后的培养基如何处理后才能接种曲,种曲的接种量,自己查阅资料确定。

3. 浅盘发酵

发酵过程的管理和控制,自己查阅资料确定。

(三)糖化酶提取与酶活力的测定

1. 酶液抽提

从制备的糖化曲中抽提出糖化酶溶液的方法,自己查阅资料确定。

2. 酶活测定

糖化酶酶活力的测定方法,自己查阅资料确定。

要求:由老师提前三个星期布置给学生,实验前一周学生与老师讨论并确定实验方案。

五、结果要求

(1)测定制备的枯草芽孢杆菌种曲的活菌数和芽孢形成率。

(2)对制备的糖化曲进行感官评价。

(3)测定制备的糖化曲的酶活。

六、思考题

(1)发酵生产糖化酶,除了采用枯草芽孢杆菌外,还有哪些菌种可以采用?

(2)哪一类碳源对枯草芽孢杆菌发酵生产糖化酶最为有利?

(3)与液态发酵相比,固态发酵有何优点?

实验二十 活性干酵母发酵力的测定及果酒酿造

一、实验目的

1. 掌握利用酵母菌进行发酵果酒的制备方法。
2. 掌握果酒制备过程中酵母菌数量及发酵液外观的变化。
3. 了解酵母菌发酵力的测定原理,掌握发酵力测定方法。

二、实验原理

查找果酒酿造发酵原理、酿造工艺、发酵管理、常见的异常发酵现象及有害微生物,并写在实验报告里。

三、实验材料

基础材料:新鲜的水果、活性干酵母、白糖、柠檬酸、偏重亚硫酸钾(钠)、组织捣碎机、发酵坛、酒精度计等。

其他材料:学生根据自己设计提出,并与实验老师沟通。

四、实验设计要求

分两个主要步骤,即果汁制要点与接种与发酵。

(一)果汁制备要点

(1)水果破碎压榨:对新鲜水果的新鲜度、状态、糖酸含量等的要求是什么。

(2)水果破碎前要做哪些预处理。

(3)水果破碎成汁(或浆)后要做哪些处理,如杀菌方式、杀菌材料的选择、杀菌剂的用量、糖酸含量如何调节等,请学生自己设计、写出具体的操作方法和参数。

(二)接种与发酵

(1)活性干酵母如何活化与发酵力如何测定。请同学自己设计、写出具体的操作方法和参数;活化后的酵母液中如何测定酵母的数量,请同学参考相关的文献、写出具体的测定和计算方法。

(2)在果汁中接种多少体积比或重量比的酵母液,什么时候添加,自查。

(3)发酵条件(如温度、氧气、时间等)如何控制,自查。

(4)产品灭菌条件(如灭菌方式、温度、时间等)如何控制,自查。

(5)如何进行产品感官评价,如何测酒精度,自查。

五、结果要求

1. 每组每天来两次实验室的目的

(1)测定酵母菌的数量变化,绘制酵母菌的生长曲线。

(2)观察酒的变化,称重发酵酒液,记录果汁发酵过程中的重量损失情况,详细记录过程并拍照(时间与变化要对应记录,并要求设计表格记录实验结果)。

2. 测定酒精度

3. 对制备好的酒进行感官评价并报告结果

4. 提供产品

要求:由老师提前三个星期布置给学生,实验前一周学生与老师讨论并确定实验方案。

六、思考题

(1)写出酵母菌酒精发酵的原理?

(2)果汁发酵前为什么要进行杀菌?

(3)果酒活性干酵母使用前为什么要进行活化?如何活化?

(4)如何测定果酒酵母的发酵力?

(5)果酒发酵过程中,如何进行温度、氧气和发酵时间等方面的管理?

实验二十一　利用米曲霉制备黄豆酱

一、实验目的

(1)掌握米曲霉在豆酱制备过程中所起的作用。

(2)掌握豆酱制备过程中米曲霉的变化。

(3)了解豆酱制备过程中常见的异常现象。

二、实验原理

查找豆酱酿造原理、基本工艺、制曲过程变化,制曲管理及常见的异常现象及有害微生物,并写在正式实验报告里。

三、实验材料

基础材料:黄豆、面粉、食盐、曲精、纱布、制曲匾、酱坛。

其他材料:学生根据自己设计提出,并与实验老师沟通。

四、实验设计要求

豆酱制备主要分制曲与发酵两个过程。

(一)制曲要点

(1)主料即黄豆与面粉的要求是什么。

(2)黄豆浸泡的条件,最终达什么程度。

(3)蒸豆:采用高压灭菌的方式,自查参数。

(4)黄豆与面粉的比例,请同学自己设计。

(5)利用曲精制曲,请查什么是曲精,用量一般是多少。

(6)制曲条件、过程管理与变化,请同学查资料。

(7)制曲过程中米曲霉的变化情况。

(8)豆酱曲的质量如何评价。

(二)下酱发酵

(1)加多大浓度的盐水,加多少水量,自查。同学也可以查一下无盐发酵工艺。

(2)发酵过程是如何管理的,自查。

(3)产品灭菌条件或若想制备配方豆酱都可自查资料。

(4)如何进行产品感官评价,自查。

五、结果要求

(1)每组每天两次来实验室观察曲的变化,详细记录并拍照(时间与变化要对应记录,并要求设计表格记录实验结果)。

(2)测定种曲孢子数与发芽率。

(3)对制好的曲进行感官评价并报告结果。

(4)提供产品。

六、思考题

(1)豆酱酿造的基本原理是什么?

(2)影响酱色、香、味和体的主要因素是什么?

(3)制曲操作要点?有哪些注意事项?

(4)发酵过程的技术要点?有哪些注意事项?

实验二十二　利用毛霉制作豆腐乳

一、实验目的

(1)掌握毛霉在腐乳制备过程中的作用。

(2)掌握腐乳制备过程中毛霉的变化。

(3)了解豆腐乳制备过程中常见的异常现象。

二、实验原理

查找豆腐乳制作的基本原理、基本工艺、制曲过程变化,制曲管理及常见的异常现象及有害微生物,并写在正式实验报告里。

三、实验材料

基础材料:毛霉曲粉、豆腐、食盐、曲精、纱布、制曲匾、坛、喷壶、白酒、黄酒。

其他材料:学生根据自己设计提出,并与实验老师沟通。

四、实验设计要求

(1)毛霉菌悬液制备:毛霉曲粉制成菌悬液的浓度,自查自定,但需写出具体确定的浓度。

(2)制坯:豆腐要求质量与切块大小,自查自定。

(3)接种与培养:豆坯摆放、接种方式、培养温度、时间及培养期间的管理等,自己查资料。

(4)搓毛与腌坯:搓毛的目的、何时搓毛、如何搓。腌坯用盐量是多少、如何腌坯,自己查资料。

(5)装坛发酵:发酵的目的,装坛配料如何,自己查资料。

(6)过程管理与变化,请同学查资料。

五、结果要求

(1)每组每天两次来实验室观察曲的变化,详细记录并拍照(要求设计表格记录实验结果)。

(2)对制好的腐乳进行感官评价并报告结果。

(3)提供产品。

六、思考题

(1)豆腐乳生产发酵的原理是什么?

(2)豆坯摆放、发酵温度、湿度对毛霉的影响?

(3)请分析影响豆腐乳品质的主要因素是什么?

附　录

附录一　实验常用染液配制法

一、简单染色法常用染液

1. 齐氏石炭酸复红染液

A 液：碱性复红 0.3 g，95%（体积分数）乙醇 10 mL；B 液：石炭酸 5.0 g，蒸馏水 95 mL。

将 A、B 两液混合摇匀过滤。

2. 吕氏美蓝（碳性美蓝）染液

A 液：美蓝（甲烯蓝、次甲基蓝、亚甲蓝）含染料 90% 0.3 g，95%（体积分数）乙醇 30 mL；B 液：KOH 溶液（0.01% 质量比）100 mL。将 A、B 两液混合摇匀使用。

3. 草酸铵结晶紫液（配方见革兰氏染液）

二、革兰氏染液

1. 草酸铵结晶紫液

A 液：结晶紫（含染料 90% 以上）2.0 g，95%（体积分数）乙醇 20 mL。

B 液：草酸铵 0.8 g，蒸馏水 80 mL。

将 A、B 两液充分溶解后混合静置 24 h 过滤使用。

2. 革兰氏碘液

碘 1 g，碘化钾 2 g，蒸馏水 300 mL，配置时，先将碘化钾溶于 5～10 mL 水中，再加碘 1 g，使其溶解后，加水至 300 mL。

3. 95%（体积分数）乙醇

4. 蕃红（或蕃红花红、沙黄）染液

蕃红 2.5% 的酒精溶液 10 mL，蒸馏水 100 mL，混合过滤即可。

三、芽孢染色液

1. 孔雀绿染色液（5%）

孔雀绿 5 g，蒸馏水 100 mL。

2. 齐氏石炭酸复红染液（同前）

四、荚膜染色液

配方一（湿墨水法）

绘图墨水

配方二(Tyler 氏醋酸结晶紫染液)

甲液(结晶紫染液)

结晶紫 0.1 g,蒸馏水 100 mL,冰醋酸 0.25 mL。

乙液(硫酸铜脱色剂)

硫酸铜 31.3 g,蒸馏水 100 mL。

取结晶紫 0.1 g,溶于少量蒸馏水后,加水稀释到 100 mL,再加入 0.25 mL 冰醋酸,即得甲液;取硫酸铜 31.3 g,溶于少量蒸馏水后,加水稀释到 100 mL,即成乙液。

五、鞭毛染液

配方一

溶液 A:

单宁酸 5 g,氯化铁 31.5 g,蒸馏水 100 mL,福尔马林(15%)2 mL,NaOH(1%)1 mL,配好后,当日使用,次日效果差,第三日则不好使用。

溶液 B:

$AgNO_3$ 2 g,蒸馏水 100 mL,待 $AgNO_3$ 溶解后,取出 10 mL 备用,向其余的 90 mL$AgNO_3$ 中滴入浓 NH_4OH,使之成为很浓厚的悬浮液,再继续滴加 NH_4OH,直到新形成的沉淀又重新刚刚溶解为止。再将备用的 10 mL $AgNO_3$ 慢慢滴入,则出现薄雾,但轻轻摇动后,薄雾状沉淀又小消失,再滴入 $AgNO_3$,直到摇动后仍呈现轻微而稳定的薄雾状沉淀为止。如所呈现雾不重,此染液可使用一周,如雾重,则银盐沉淀出,不宜使用。

配方二

甲液:

饱和明矾溶液 2 mL,5% 石炭酸溶液 5 mL,20% 丹宁酸溶液 2 mL。

乙液:

碱性品红 11 g,95% 酒精 100 mL,使用前取甲液 9 mL 和乙液 1 mL 相混,过滤即可。

六、0.1% 美蓝染液(观察酵母和放线菌用)

美蓝 0.1 g,蒸馏水 100 mL。

七、苏木紫染色液(观察酵母菌细胞核用)

甲液:

苏木紫 1 g,无水酒精 10 mL。

乙液:

钾明矾 20 g,蒸馏水 200 mL。

甲、乙两液混合煮沸,即加入氧化汞 0.5 g 至染色液变为深紫色,立即放入流动水中冷却。次日过滤后备用,使用时加冰醋酸 4 mL,可增强对核的染色。

八、苏丹Ⅲ染色液(观察酵母菌脂肪粒用)

苏丹Ⅲ 0.5 g,95%(体积分数)酒精 100 mL,两者混合溶解后过滤即可。

九、乳酸石炭酸溶液(观察霉菌形态用)

石炭酸 20 g,乳酸(比重 1.2)20 g,甘油(比重 1.25)40 g,蒸馏水 20 mL

制法:配置时,先将石炭酸放入水中加热溶解,然后慢慢加入乳酸及甘油。

若配乳酸石炭酸棉蓝染色液,即在乳酸石炭酸溶液中加入 0.04 g 棉蓝,溶解即可。

附录二 教学常用培养基配制法

一、肉汤蛋白胨琼脂培养基(营养琼脂)

牛肉膏 3 g,蛋白胨 10 g,NaCl 5 g,琼脂 15 ~ 20 g,水 1 000 mL,pH 值为 7.0 ~ 7.2, 121 ℃灭菌 20 min

二、查氏培养基

$NaNO_3$ 2 g,K_2HPO_4 1 g,KCl 0.5 g,$MgSO_4$ 0.5 g,$FeSO_4$ 0.01 g,蔗糖 30 g,琼脂 15 ~ 20 g,水 1 000 mL,pH 值自然,121 ℃灭菌 20 min。

三、马铃薯培养基

马铃薯 200 g,蔗糖(或葡萄糖)20 g,琼脂 15 ~ 20 g,水 20 g,pH 值自然,121 ℃灭菌 20 min。

制法马铃薯去皮,切成块煮沸半小时,然后纱布过滤,再加糖及琼脂,熔化后补充水 1 000 mL。

四、淀粉琼脂培养基

可溶性淀粉 20 g,KNO_3 1 g,NaCl 0.5 g,K_2HPO_4 0.5 g,$MgSO_4$ 0.5 g,$FeSO_4$ 0.01 g,琼脂 20 g,水 1 000 mL,pH 值为 7.2 ~ 7.4,121 ℃灭菌 20 min。

制法:配置时,先用少量冷水,将淀粉调成糊状,在火上加热,边搅拌边加水及其他成分,熔化后,补足水分至 1 000 mL。

五、麦芽汁培养基

1. 取大麦或小麦若干,用水洗净,浸水 6 ~ 12 h,置 15 ℃阴暗处发芽,上盖纱布一块,每天早、中、晚淋水一次,麦根伸长至麦粒的两倍时,即停止发芽,摊开晒干或烘干,储存备用。
2. 将干麦芽磨碎,一份麦芽加四份水,在 65 ℃水浴锅中糖化 3 ~ 4 h(糖化程度可用碘滴定之)。
3. 将糖化液用 4 ~ 6 层纱布过滤,滤液如混浊不清,可用鸡蛋澄清,即将一个鸡蛋的蛋白加水约 20 mL,调匀至生泡沫时为止,倒在糖化液中搅拌煮沸后再过滤。
4. 将滤液稀释 5 ~ 6 °Bé (波美度),pH 值约为 6.4,加入 2% 琼脂即成。121 ℃灭菌 20 min。

六、明胶培养基

肉汤蛋白胨 100 mL,明胶 12 ~ 18 g,pH 值为 7.2 ~ 7.4,灭菌 20 min。

制法在水浴锅中将上述成分熔化,不断搅拌,熔化后调 pH 值为 7.2 ~ 7.4。121 ℃灭菌 15 min。

七、蛋白胨水培养基(用于吲哚试验)

蛋白胨 20 g,NaCl 5 g,水 1 000 mL,pH 值为 7.2 ~7.4,121 ℃灭菌 20 min。

八、半固体培养基

肉汤蛋白胨液 100 mL,琼脂 0.35 ~0.4 g。121 ℃灭菌 20 min。

九、糖发酵培养基

牛肉膏 6 g,蛋白胨 10 g,氯化钠 3 g,$NaHPO_2 \cdot 12H_2O$ 2 g,0.2% 溴麝香草酚蓝 12 mL,蒸馏水 1 000 mL,pH 值为 7.4 各种糖按 0.5% 加入。

制法:

(1)按上述成分配好后,分装于有一倒置小管的试管内,每支 10 mL。

(2)将各种糖类分别配好成 10% 溶液。

(3)将上述溶液同时 121 ℃高压灭菌,15 min。

(4)临用前将各种糖溶液,用无菌操作吸取 0.5 mL 分别加入各试管中,再贴好标签。

十、硝酸盐培养基

肉汤蛋白胨培养基 1 000 mL,KNO_3 1 g,pH 值为 7.0 ~7.6,制法将上述成分加热溶解,调 pH 值为 7.6,过滤,分装试管,121 ℃灭菌 20 min。

十一、H_2S 试验用培养基

蛋白胨 20 g,NaCl 5 g,柠檬酸铁铵 0.5 g,$Na_2S_2O_3$ 0.5 g,琼脂 15 ~20 g,蒸馏水 1 000 mL,pH 值为 7.2,制法先将琼脂、蛋白胨熔化,冷却到 60 ℃加入其他成分。分装试管,121 ℃灭菌 15 min。

十二、柠檬酸盐培养基

$NH_4H_2PO_4$ 1 g,K_2HPO_4 1 g,NaCl 5 g,$MgSO_4$ 0.2 g,柠檬酸钠 2 g,琼脂 15 ~20 g,蒸馏水 1 000 mL,1% 溴麝香草酚蓝(酒精液)10 mL。

制法:将上述各成分加热溶解后,调 pH 值为 6.8,然后加入指示剂,摇匀,用脱脂棉过滤,制成为黄绿色,分装试管,121 ℃灭菌 20 min 后制成斜面。

十三、葡萄糖蛋白胨培养基(用于 M.R 和 V.P 试验)

蛋白胨 5 g,葡萄糖 5 g,K_2HPO_3 2 g,蒸馏水 1 000 mL。

制法:将上述各成分溶于 1 000 mL 水中,调 pH 值为 7.0 ~7.2,过滤,分装试管,每管 10 mL,121 ℃灭菌 30 min。

十四、淀粉培养基(试验淀粉水解用)

蛋白胨 10 g,NaCl 5 g,牛肉膏 5 g,可溶性淀粉 2 g,蒸馏水 1 000 mL,琼脂 15 ~20 g。

制法:先将可溶性淀粉加少量蒸馏水调成糊状,再加入到溶化好的培养基中调匀,121 ℃灭菌 20 min。

十五、LB 液体培养基

胰蛋白胨 10 g,酵母提取物 5 g,NaCl 10 g,蒸馏水 1 000 mL,pH 值为 7.0,121 ℃灭菌 20 min。如配制固体培养基,需加 1.5% ~2% 琼脂。

十六、伊红美蓝培养基(EMB)

蛋白胨水琼脂培养基 100 mL,20% 乳糖溶液 2 mL,2% 伊红水溶液 2 mL,0.5% 美蓝水溶液 1 mL。

制法:将已灭菌的蛋白胨水培养基(pH=7.6)加热溶化,冷却至 60 ℃时,将已灭菌的乳糖液,伊红水溶液及美蓝水溶液按上述量以无菌操作加入,摇匀后,即倒平板。乳糖在高温灭菌易被破坏必须严格控制灭菌温度,121 ℃灭菌 20 min。

十七、乳糖蛋白胨培养液

蛋白胨 10 g,牛肉膏 3 g,乳糖 5 g,NaCl 5 g,1.6% 溴甲酚紫乙醇溶液 1 mL,蒸馏水 1 000 mL。

制法:将蛋白胨、牛肉膏、乳糖及 NaCl 加热溶解于 1 000 mL 蒸馏水中,调 pH 值至 7.2 ~7.4。加入 1.6% 溴甲酚紫乙醇溶液 1 mL,混匀,分装于有倒管的试管中,121 ℃灭菌 20 min。

十八、双料乳糖蛋白胨液

上述培养液中成分各按二倍量配置,蒸馏水仍为 1 000 mL。

十九、品红亚硫酸钠培养基

蛋白胨 10 g,酵母浸膏 5 g,牛肉膏 5 g,乳糖 10 g,琼脂 15 g ~20 g,磷酸氢二钾 3.5 g,无水亚硫酸钠 5 g,碱性品红乙醇溶液(50 g/L) 20 mL,蒸馏水 1 000 mL。

1. 储备培养基的制备

先将琼脂加到 500 mL 蒸馏水中,煮沸溶解,于另 500 mL 蒸馏水中加入磷酸二氢钾、蛋白胨、酵母浸膏和牛肉膏,加热溶解,倒入已溶解的琼脂,补足蒸馏水至 1 000 mL,混匀后调 pH 值为 7.2 ~7.4,再加入乳糖,分装,68.95 kPa(115 ℃,10 Ib)高压灭菌 20 min,储存于冷暗处备用。

本培养基也可不加琼脂,制成液体培养基,使用时加 2 ~3 mL 于灭菌吸收垫上,再将滤膜置于培养垫上培养。

2. 平皿培养基的制备

将上法制备的储备培养基加热融化,用灭菌吸管按比例吸取一定量的 50 g/L 的碱性品红乙醇溶液置于灭菌空试管中,再按比例称取所需的无水硫酸钠置于另一灭菌试管中,加灭菌水少许,使其溶解后,置于水浴中煮沸 10 min 以灭菌。

用灭菌吸管吸取已灭菌的亚硫酸钠溶液,滴加于碱性品红乙醇溶液至深红色褪成淡粉色为止，将此亚硫酸钠与碱性品红的混合液全部加到已融化的储备培养基内，并充分混匀（防止产生气泡），立即将此种培养基 15 mL 倾入已灭菌的空平皿内。待冷却凝固后置冰箱内备用。此种已制成的培养基于冰箱内保存不宜超过两周。如培养基已由淡粉色变成深红色，则不能再用。

二十、平板计数琼脂(Plate Count Agar，PCA)培养基

胰蛋白胨 5.0 g，酵母浸膏 2.5 g，葡萄糖 1.0 g，琼脂 15.0 g，蒸馏水 1 000 mL，pH 值为 7.0±0.2。

制法：将上述成分加于蒸馏水中，煮沸溶解，调节 pH 值。分装试管或锥形瓶，121 ℃高压灭菌 15 min。

二十一、月桂基硫酸盐胰蛋白胨(LST)肉汤

胰蛋白胨或胰酪胨 20.0 g，氯化钠 5.0 g，乳糖 5.0 g，磷酸氢二钾(K_2HPO_4) 2.75 g，磷酸二氢钾(KH_2PO_4) 2.75 g，月桂基硫酸钠 0.1 g，蒸馏水 1 000 mL，pH 值 6.8±0.2。

制法：将上述成分溶解于蒸馏水中，调节 pH 值，分装到有玻璃小倒管的试管中，每管 10 mL。121 ℃高压灭菌 15 min。

双料月桂基硫酸盐胰蛋白胨(LST)肉汤：上述成分各按二倍量配置，蒸馏水仍为 1 000 mL。

二十二、煌绿乳糖胆盐(BGLB)肉汤

蛋白胨 10.0 g，乳糖 10.0 g，牛胆粉(oxgall 或 oxbile)溶液 200.0 mL，0.1% 煌绿水溶液 13.3 mL，蒸馏水 800 mL，pH 值为 7.2±0.1。

制法：将蛋白胨、乳糖溶于约 500 mL 蒸馏水中，加入牛胆粉溶液 200 mL(将 20.0g 脱水牛胆粉溶于 200 mL 蒸馏水中，pH 值为 7.0～7.5)，用蒸馏水稀释到 975 mL，调节 pH 值，再加入 0.1% 煌绿水溶液 13.3 mL，用蒸馏水补足到 1 000 mL，用棉花过滤后，分装到有玻璃小倒管的试管中，每管 10 mL。121 ℃高压灭菌 15 min。

二十三、结晶紫中性红胆盐琼脂(VRBA)

蛋白胨 7.0 g，酵母膏 3.0 g，乳糖 10.0 g，氯化钠 5.0 g，胆盐或 3 号胆盐 1.5 g，中性红 0.03 g，结晶紫 0.002 g，琼脂 15～18 g，蒸馏水 1 000 mL，pH 值为 7.4±0.1。

制法：将上述成分溶于蒸馏水中，静置几分钟，充分搅拌，调节 pH 值。煮沸 2 min，将培养基冷却至 45～50 ℃倾注平板。使用前临时制备，不得超过 3 h。

二十四、溴甲酚紫葡萄糖肉汤

蛋白胨 10.0 g，牛肉浸膏 3.0 g，葡萄糖 10.0 g，氯化钠 5.0 g，溴甲酚紫 0.04 g(或 1.6% 乙醇溶液 2 mL)，蒸馏水 1 000.0 mL。

将除溴甲酚紫外的各成分加热搅拌溶解，校正 pH 值至 7.0±0.2，加入溴甲酚紫，分装于带有小倒管的试管中，每管 10 mL，121 ℃高压灭菌 10 min。

二十五、庖肉培养基

牛肉浸液 1 000.0 mL,蛋白胨 30.0 g,酵母膏 5.0 g,葡萄糖 3.0 g,磷酸二氢钠 5.0 g,可溶性淀粉 2.0 g,碎肉渣适量。

制法:称取新鲜除脂肪和筋膜的碎牛肉 500 g,加蒸馏水 1 000 mL 和 1 mol/L 氢氧化钠溶液 25.0 mL,搅拌煮沸 15 min,充分冷却,除去表层脂肪,澄清,过滤,加水补足至 1 000 mL,即为牛肉浸液。加入上述各种成分(除碎肉渣外),校正 pH 值至 7.8±0.2。

碎肉渣经水洗后晾至半干,分装 15 mm×150 mm 试管约 2~3 cm 高,每管加入还原铁粉 0.1~0.2 g 或铁屑少许。将配制的液体培养基分装至每管内超过肉渣表面约 1 cm。上面覆盖溶化的凡士林或液状石蜡 0.3~0.4 cm。121 ℃灭菌 15 min。

二十六、酸性肉汤

多价蛋白胨 5.0 g,酵母浸膏 5.0 g,葡萄糖 5.0 g,磷酸二氢钾 5.0 g,蒸馏水 1 000.0 mL各成分加热搅拌溶解,校正 pH 值至 5.0±0.2,121 ℃高压灭菌 15 min。

二十七、麦芽浸膏汤

麦芽浸膏 15.0 g,蒸馏水 1 000.0 mL。

将麦芽浸膏在蒸馏水中充分溶解,滤纸过滤,校正 pH 值至 4.7±0.2,分装,121 ℃灭菌 15 min。

二十八、肝小牛肉琼脂

肝精 50.0 g,小牛肉浸膏 500.0 g,蛋白胨 20.0 g,新蛋白胨 1.3 g,胰蛋白胨 1.3 g,葡萄糖 5.0 g,可溶性淀粉 10.0 g,等离子酪蛋白 2.0 g,氯化钠 5.0 g,硝酸钠 2.0 g,明胶 20.0 g,琼脂 15.0 g,蒸馏水 1 000.0 mL。

在蒸馏水中将各成分混合。校正 pH 值至 7.3±0.2,121 ℃灭菌 15 min。

二十九、沙氏葡萄糖琼脂

蛋白胨 10.0 g 琼脂 15.0 g 葡萄糖 40.0 g 蒸馏水 1 000.0 mL。

将各成分在蒸馏水中溶解,加热煮沸,分装在烧瓶中,校正 pH 值至 5.6±0.2,121 ℃高压灭菌 15 min。

附录三　常用指示剂的性能及配制

一、麝香草酚蓝或百里酚蓝

变色范围：pH 值为 1.2～2.8，颜色由红变黄。常用浓度为 0.04%（质量分数）。

配制方法：称取 0.1 g 指示剂，加 16 mL 0.01 mol/L NaOH，加蒸馏水至 250 mL，或称取 0.1 g 指示剂溶于 100 mL 乙醇（20%）中。

二、溴酚蓝

变色范围：pH 值为 3.0～4.6，颜色由黄变蓝，常用浓度为 0.04%。

配制方法：称取 0.1 g 指示剂，加 14.9 mL 0.01 mol/L NaOH，加蒸馏水至 250 mL，或称取 0.1 g 指示剂溶于 100 mL 乙醇（20%）中。

三、溴甲酚绿

变色范围：pH 值为 3.8～5.4，颜色由黄变蓝。常用浓度为 0.04%。

配制方法：称取 0.1 g 指示剂，加 14.3 mL 0.01 mol/L NaOH，加蒸馏水至 250 mL。

四、甲基红

变色范围：pH 值为 4.2～6.3，颜色由红变黄。常用浓度为 0.04%。

配制方法：甲基红 0.2 g，乙醇（95%）300 mL，蒸馏水 200 mL。

五、石蕊

变色范围：pH 值为 5.0～8.0，颜色由红变蓝，常用浓度为 0.5%～1.0%。

配制方法：称取 0.5～1 g 指示剂溶于 100 mL 蒸馏水中。

六、溴甲酚紫

变色范围：pH 值为 5.2～6.8，颜色由黄变紫。常用浓度为 0.04%。

配制方法：称取 0.1 g 指示剂，加 18.5 mL 0.01 mol/L NaOH，加蒸馏水至 250 mL。

七、溴麝香草酚蓝或溴百里酚蓝

变色范围：pH 值为 6.0～7.6，颜色由黄变蓝。常用浓度为 0.04%。

配制方法：称取 0.1 g 指示剂，加 16 mL 0.01 mol/L NaOH，加蒸馏水至 250 mL。

八、酚红

变色范围：pH 值为 6.8～8.4，颜色由黄变红。常用浓度为 0.02%。

配制方法：称取 0.1 g 指示剂，加 28.2 mL 0.01 mol/L NaOH，加蒸馏水至 500 mL。

九、中性红

变色范围：pH 值为 6.8～8.0，颜色由红变黄。常用浓度为 0.01%。

配制方法:称取0.1 g指示剂,加16 mL 0.01 mol/L NaOH,加蒸馏水至250 mL。

十、酚酞

变色范围:pH值为8.2~10.0,颜色由无色变为红色。常用浓度为0.1%。

配制方法:称取0.1 g指示剂,加100 mL 60%的乙醇。

附录四　实验用试剂的配制

一、甲基红试剂

甲基红0.04 g,95%(体积分数)酒精60 mL,蒸馏水40 mL。制法先将甲基红溶于95%(体积分数)酒精中,然后加入蒸馏水即可。

二、V.P.试剂

5% α-萘酚(无水酒精溶液),40%(质量分数)KOH溶液。

三、吲哚试剂(靛基质试剂)

对二甲基氨基苯甲醛2 g,95%(体积分数)乙醇190 mL,浓盐酸40 mL。

四、亚硝酸盐试剂(格里斯氏试剂)

甲液:对氨基苯磺酸0.5 g,稀醋酸(质量分数为10%左右)150 mL。

乙液:α-萘酚0.1 g,蒸馏水20 mL,稀醋酸(质量分数为10%左右)150 mL。

五、二苯胺试剂

二苯胺0.5 g溶于100 mL浓硫酸中,用20 mL蒸馏水稀释。

六、淀粉水解实验用碘液

与革兰氏碘液同。

七、0.05 mol/L巴比妥缓冲液(pH=8.6)

制法一:称取1.84 g巴比妥,置于56~60 ℃水中溶化,然后加入10.3 g巴比妥钠,加蒸馏水定容至1 000 mL,即为0.05 mol/L pH=8.6巴比妥缓冲液。

制法二:将1 g NaOH溶于50 mol/L NaOH溶液中,待全部溶解后,冷却,用蒸馏水稀释定容至500 mL,用pH计校正pH=8.6即可。

八、磷酸盐缓冲液

磷酸二氢钾(KH_2PO_4) 34.0 g,蒸馏水500 mL,pH=7.2。

制法:

储存液:称取34.0 g的磷酸二氢钾溶于500 mL蒸馏水中,用大约175 mL的1 mol/L氢氧化钠溶液调节pH值,用蒸馏水稀释至1 000 mL后储存于冰箱。

稀释液:取储存液1.25 mL,用蒸馏水稀释至1 000 mL,分装于适宜容器中,121 ℃高压灭菌15 min。

九、无菌生理盐水

氯化钠 8.5 g,蒸馏水 1 000 mL。

制法:称取 8.5 g 氯化钠溶于 1 000 mL 蒸馏水中,121 ℃高压灭菌 15 min。

参考文献

[1] 钱存柔，黄仪秀. 微生物学实验教程[M]. 2 版. 北京：北京大学出版社，2013.

[2] 杨汝德. 现代工业微生物学实验技术[M]. 2 版. 北京：科学出版社，2015.

[3] 牛天贵，食品微生物学实验技术[M]. 2 版. 北京：中国农业大学出版社，2015.

[4] 刘素纯，吕嘉枥，蒋立文. 食品微生物学实验[M]. 2 版. 北京：化学工业出版社，2016.

[5] 樊明涛，赵春燕，朱丽霞. 食品微生物学实验[M]. 北京：科学出版社，2015.

[6] Harrigan W F. 食品微生物实验室手册 [M]. 李卫华，译. 北京：中国财政经济出版社，2004.

[7] 刘慧. 现代食品微生物学实验技术[M]. 北京：中国轻工出版社，2006.

[8] 周红丽，张滨，刘素纯. 食品微生物检验实验技术[M]. 北京：中国质检出版社与中国标准社，2009.

[9] 李志明. 食品卫生微生物检验学[M]. 北京：化学出版社，2009.

[10] 麦克兰德斯博拉夫. 食品微生物实验指导[M]. 张柏林，译. 北京：中国轻工业出版社，2007.

[11] 朱莉娜，孙晓志，弓保津，等. 高校实验室安全基础[M]. 天津：天津大学出版社，2014.

[12] Kathleen Park Talaro. Foundation of microbiology 8th（基础微生物学）[M]. 北京：高等教育出版社，2013.

[13] 周德庆. 微生物学实验教程[M]. 2 版. 北京：高等教育出版社，2006.

[14] 何国庆，张伟. 食品微生物检验技术[M]. 北京：中国质检出版社与中国标准社，2013.

[15] 贾俊涛，梁成珠，马维兴. 食品微生物检测工作指南[M]. 北京：中国质检出版社与中国标准社，2012.